JN117761
連隊長
見龍
特殊部隊vs.
精鋭部隊
最強を目指せ
並木書房

はじめに

（二見 龍）

2007（平成19）年10月、陸上自衛隊の観閲式会場に向かうバスの中で、突然、荒谷1佐から「もう陸上自衛隊で私のやることはありません」と切り出されました。

「えっ」。私は絶句しました。荒谷氏とは、どんな障害があっても、ともに協力して〝実戦に強い部隊〟を作ろうと誓った仲間だったからです。

そのまま自衛隊に残れば、定年までレールが敷かれ、退職後の再就職も斡旋してくれます。高級幹部が中途退職してリスクを冒す必要はなく、普通の感覚なら、もったいない、ここまで来たのにと思うはずです。

私は自衛隊に残るよう引き留めましたが、荒谷氏の決意は固く、話を聞くうちに、それが自然な流れなのかもしれないと思い始めました。

荒谷氏は強い男です。自衛隊を離れても一般社会で十二分に活躍できる実力の持ち主です。彼にはもっと広い世界が必要で、外から自衛隊を支えることができる人だと、最後にはその決断に納得し賛同しました。

その後、私は中央即応集団に異動。中央即応集団の隷下部隊の一つに、荒谷氏が初代群長を務めた特殊作戦群がありました。中央即応集団司令部幕僚長として、荒谷群長の意志を引き継ぐ特殊作戦群が働きやすい環境作りに努めました。群長が代わっても特殊作戦群が新編時の苦難を乗り越え目指したものを追求し、さらに進化してほしかったからです。

1年半後、進化を続ける特殊作戦群を見届け、私は次のポストに異動しました。

機会があれば、退官された荒谷氏と会って、特殊作戦、訓練に対する考え方、実戦で戦い抜くために必要なこと、自衛隊に望むこと、これからの活動について話がしたいとずっと思っていました。

再会の機会は必ずあると信じていました。意思があれば再会はいつでもできる。しかし、再会は「時」が設定してくれる、その日のために私も、自分なりに新しいことにチャレンジし、荒谷氏を見習って、自己能力の向上と活動の場を広げる日々を過ごそうと思いました。

あのバスの中での会話から12年の月日が流れ、2019年の夏、思いもよらぬかたちで「再会の機会」が訪れました。

私がミリタリー関連のイベントに参加していた時、突然、声をかけられました。

「二見さんですね。私はこのような仕事をしています」。その人は出版社の社長で、最近の出版活動や自衛隊について話をするなかで、「電子書籍を出されているなら、荒谷元群長と会われたらどうですか」と勧められました。

私は願ってもない申し出に驚きました。荒谷氏との線が再びつながったのです。すぐに連絡先を教えていただき、荒谷氏が設立したばかりの「熊野飛鳥むすびの里」（三重県熊野市飛鳥町）への訪問が決まりました。

荒谷氏は自衛隊を去りましたが、今も特殊作戦群戦士の心の支えで、圧倒的な支持を得ています。その活動は、自衛官にとどまらず、海外を含む多くの人たちから支持されています。

本書は、自衛隊、明治神宮武道場館長をへて、「むすびの里」を活動拠点として、新たな人生を歩み始めた荒谷卓氏との対談をまとめたものです。

本書は、電子書籍・二見龍レポート＃9『現代のサムライ荒谷卓　特殊部隊を語る』（2020年4月）を加筆・修正し再編集したものです。

目次

第3章　精強部隊を作るには　45

第4章　国を守る戦闘者とは？　61

第5章　実戦に近づけて訓練する　82

第1章　本物の強さを求めて

殺傷を目的としない日本の武道

二見龍
まず、荒谷さんが新しく始められた活動について、お聞かせください。

荒谷卓
2018年秋に、ここ熊野飛鳥に引っ越してきまして、自衛官時代からずっとやりたかった「百姓侍村（ひゃくしょうざむらいむら）」の建設をやっております。国を守るということを突き詰めていくと、その原点は日々の生活を日本人として生きることだと思います。自身が日本に愛着を感じながら、日本の文化伝統を実践することだと考えています。文化伝統に則り、土地に根ざした集落の一員となり、農業を行ない、ものづくりをしています。同時に、同じ志を持つ人たちと武道や日本文化を学ぶ講習会などを開いています。

二見 新たな活動の地として「熊野飛鳥むすびの里」を開設し、一周年（２０１９年現在）を迎えられたことをお祝い申し上げます。おめでとうございます。また、対談をお受けいただき感謝します。

荒谷 こちらこそ、いい機会を作っていただき、ありがとうございます。

二見 昨日、道場で稽古を見せていただき感動しました。本来の武道の稽古はこういうものなのだという内容だったからです。稽古するにあたり、心がけていることはどのようなものですか？

荒谷 日本の武道とほかの国のマーシャルアーツを比べると、明らかな違いがあります。日本の武道は、単に殺傷を目的とするのではなく、「和の世界」を構築するために、敵対者をも自分の懐に入れて、「共生・共助」の道を開く目的を持っています。平和を願っても戦いが避けられない場合、和を乱す者を懲らしめるためにどのような武力を発揚するか。そこが非常に重要なことだと思います。ですから、技術的なことも大切ですが、それ以上に和を尊ぶ強力な精神の育成を大事にしています。

二見　昨日の稽古でも「やむを得ず戦いになり、勝利したとき、また、戦いで大勝したとき、戦いの後に相手を理解し、受け入れることのできる心積りが大切である」と話されていました。そこに武道の本質があると感じました。

荒谷　戦いというのは、まさに佳局という場面だけではなく、なぜ戦いに至ったのか、戦った後どうすればいいのかという、すべてのプロセスを含めて捉えています。平和を望んでいても戦わざるを得ない、つまり望まぬ戦いであればこそ、いかに戦うかということをしっかり考えなくてはいけません。望まぬ戦いだからといって、戦わなければ戦いが好きな者に服従するしかありませんからね。

さらに重要なことは、戦った後どうするか、負けた場合どうするか、勝ったらどうするかです。先ほど言ったように、戦った相手とどうやって共生していくかが大事です。戦いが決着した後の対応が非常に重要になってくるのです。

とくに勝者の場合、「勝って驕るな」という言葉があるように、勝者が敗者に手を差し伸べる、あるいは戦いぶりに敬意を表する、そういうところから戦いが転じて友情を育む。そういうことが武道の道ではないかと思っています。

自衛隊に戦う覚悟はあるか？

二見

私と荒谷さんとの出会いは、荒谷さんが陸上幕僚監部防衛部研究課研究班勤務で、私が幹部学校の研究部にいたとき（１９９０年代後半～２０００年代前半）ですから、もう20年以上前ですね。

あの時、将来の陸上自衛隊をどうしようかという研究を陸上幕僚監部（以下、陸幕）がやっていて、その研究を幹部学校がサポートするというかたちでした。特殊部隊を作ろうというアイデアを初めて出したり、陸上総隊や中央即応集団を作ろうという提案を出した記憶があります。

荒谷　そうですね。当時の情勢はまだ冷戦構造を引きずっていて、ややもすると主敵はソビエト後のロシアであるという議論が続いていました。いま言われたような根本的な国防の見直しをしようにも、なかなか受け入れてもらえない雰囲気がありました。

でもどう見ても、冷戦構造が終わりつつある情勢に間違いはありません。冷戦構造が終わるということは、アメリカの戦略が変わり、世界の秩序が一変するということです。その中で自衛隊をどのように発展させていくかを考えていた時に、私と同じ考えの二見さんが協力してくださったのはとても心強かったです。

二見　そこから私たちの付き合いが深まり、私が第4師団隷下の第40普通科連隊（北九州市小倉南区）連隊長をやっていた時に、荒谷さんは特殊作戦群（以下、特戦群）の初代群長をされ、同じ時代に同じことを目指していたんですね。

とくに特戦群の創設は、前任者のいないなか、訓練内容や装備、心構えなど、これまでの陸自部隊を大きく変えなければならなかったと思います。陸上自衛隊内で理解を得ながら進めていくのは大変難しかったのではないかと思います。特戦群新編時の雰囲気はどのような感じだったのでしょうか？

荒谷　米ソの冷戦構造の時代は伝統的な攻撃・防御をひたすら訓練していました。しかし、冷戦後、大規模な部隊が戦闘するような高強度紛争の蓋然性はきわめて低くなりました。新たに生まれた不透明・不確実な環境下で、アメリカによる新しい秩序作りが進んでいきました。その結果、軍隊の役割は、市場原理に基づいたグローバル資本主義の秩序にとっての脅威であるテロや地域紛争（低強度紛争）対処にシフトしていきました。しかし、当時の日本は、そういった情勢認識が十分ではありませんでした。

低強度紛争対処やテロ対処訓練を行なうこと自体、自衛隊ではまったく意義づけされていない状況でした。ですから市街地での近接戦闘訓練に対して、「何でそんなことをするんだ」という感じでした。

しかし、私なりに世界情勢を分析し、他国の軍隊の様子を観察すると、「いま市街地における近接戦闘訓練を始めないと手遅れになる」と思い、孤軍奮闘した記憶があります。

二見　そうですね。あの変化する情勢のなかで、かなりパワフルに動かれて、陸上自衛隊初の特殊部隊である「特戦群」を作られたと深く感心しています。

特戦群の新規隊員の選考をはじめ、初代群長として、どこから変えなければならないと考えたのでしょうか？

荒谷　隊員一人ひとりの心の持ちようから取り組んでいかないと、いくら編成や装備をいじったところで、何のための部隊で、何のための訓練なのか理解が徹底できません。使命感、自分が果たさなければならない役割が不明確では、いくら訓練しても、使い物になりません。隊員各自が、今から自分は「何のために何をするんだ」という意識をしっかりと確立しておくことが最も重要であると考えました。

二見　先ほど市街地における近接戦闘の話が出ましたが、当時、陸上自衛隊としてほかに足りないと感じているものはありましたか？

荒谷　日本の戦後体制、つまり憲法上、日本は戦争ができない国だという意識が、国民だけではなく自衛官にもかなり強くありました。本当に自分たちが戦闘集団として戦うんだという意識が

東富士演習場において第117教育大隊の陣地構築訓練を視察する二見東部方面混成団長（左から3人目）。

不足しています。これは近接戦闘に限らず全般に共通することですが、武器を持つということの意味、生死をかけてその任にあたるという意味が希薄になっていたことをどう克服するかが大きな課題でした。

二見　戦争は起こらず、戦いはないという認識ですね。自衛隊は、憲法、特殊な国内環境の中で、戦争は起こらないという認識の下、ずっと社会の端っこに住んでいたわけです。それで訓練内容や心構えも馴れ合いというか、ゆるい感じで訓練していたので、「じゃあ本気でやろう」といっても、本気が何かわからない。

先ほど心の持ちようから取り組んでいくという話をされましたが、心の持ちようと意識改革は極めて重要ですね。実戦的な訓練を進めなければならないという幹部の意識改革がまず必要です。幹部が変わらなければ、隊員は「実戦は起こらないし、自衛隊は戦うことはない」と心の中で考え、本気モードになりません。自ら新たに挑戦して苦労するより、今まで身につけたもので何とかなる道を選んでしまいます。

荒谷　第40普通科連隊長に着任した時、部隊は歴代の連隊長の人材育成の努力が積み上がり、人材が揃ってきている状態でした。そこにいかに魂を入れるかが連隊長としての課題でした。

意識を変えなければ、また元に戻ってしまいます。

二見　はい。中国・北朝鮮の動向、ＰＫＯ（国連平和維持活動）が本格化してきたことなど、これまでとは情勢が確実に変化していることを隊員たちに理解させました。現情勢下で、北朝鮮に近い北九州に駐屯する第40連隊が直面する課題は何か、どのような危機が想定されるか、どの部隊が対応するかなど、可能な限り機会を設けて、話をするというより説得しました。

第2章　初代群長として目指したもの

軍人であって軍人ではない特殊部隊員

二見

特殊部隊というと、一般の人は映画の中の「ランボー」のように、どんな武器でも使いこなし、何でもできる隊員がそろっている部隊だと想像するかもしれません。敵国の特殊部隊を相手に困難な作戦を難なく達成するイメージです。

でも、実際は特殊部隊の行動は軍事に限定したものではなく、その範囲を超えて、政府との連携が深いと思います。そうすると特殊部隊を指揮・運用するボス（指揮官）は誰なのか?ということも明確にされなければなりません。

特戦群の活動範囲は？誰が指揮官になるのか？……等々、今まで日本にはなかった特殊部隊の運用や政治と自衛隊との連携要領などを作り上げるのはさまざまな苦労があったと思います。

荒谷

言われるように、特殊部隊が特殊である所以(ゆえん)は、一般の人が考えている以上に広範で奥深いものがあります。映画で表現されているスペシャルフォース（特殊部隊）のアクションは、「ダイレクトアクション」といって襲撃や伏撃（待ち伏せ）など派手な戦闘シーンです。

しかし、現代の特殊作戦は、アンコンベンショナル・ウォーフェアー（不正規戦、非在来戦）といって、政治的な側面が強いものです。

イギリスのＳＡＳやアメリカのグリーンベレーのような特殊部隊の活動は、ある国の政体を変えるために現政府を転覆させて新しい政権を樹立させたり、友好国が別の体制になりかけたら、そうならないように現体制をサポートするというような不正規戦です。ですから非常に外交的要素や経済、その他の政治的要素が多く含まれています。

グリーンベレー留学前、空挺レンジャー訓練（武装障害走）を受ける荒谷1佐。

二見　軍事と政治が直結しているということですね。

荒谷　そうです。アメリカでは第2次世界大戦中に活動したＯＳＳ（戦略事務局）が、戦後、ＣＩＡ（中央情報局）とグリーンベレーに分割されましたが、実際の作戦はＣＩＡとグリーンベレーが協同して行なっています。つまりアメリカの特殊部隊は完全に一般的な軍事の枠組みから外れているのです。

二見　軍事分野から政治的な目的を遂行しなければならない特殊部隊員……その適性とは何でしょう？

荒谷　特殊作戦に求められる人材を選考しなければなりませんが、映画のようなスーパーヒーローは必要ではありません。

一般の軍人と何が違うかというと、創造性があり、発想の転換ができ、軍事的な思考を超えて、前例のないオペレーションのアイデアを企画・運営できる……そういった資質が特殊部隊の兵士には求められます。
ただ、そういうオペレーションを可能にするには、国家がスペシャル・オペレーションを命じ、その成果を政治的にしっかり管理できる仕組みがないとできません。当然ながら、特殊作戦は非常に政治的な色彩が強く、必然的に国家の最高政治指導者しか責任を負えないものになります。

二見 どうしても、特殊作戦は成功したかどうかという視点で見られてしまいます。特殊作戦は一般部隊の行なう作戦とは、作戦目的に大きな違いがあることを理解しないと本質を見誤りますね。
オバマ大統領が決断した2011年5月のビンラディン殺害と、トランプ大統領による2020年1月3日のイランのイスラム革命防衛隊のソレマイニ司令官爆殺のように、特殊部隊の作戦と最高指導者とは密接な関係があります。

荒谷 人質救出作戦を例にあげれば、人質の命はもちろんですが、特殊部隊員、あるいはその周辺にいる非戦闘員である民間人の生死も必ず関わってきます。「人質さえ救出できれば、特殊部隊員や民間人が死んでもいいのか？　それとも犠牲はいっさい出してはまずいのか？」。それを軍の指揮官が決断できるかといえば、それは不可能です。

作戦の結果によっては、人質が死亡、あるいは特殊部隊員が死傷してしまうかもしれない。最終的に責任をもって「実行せよ！」と命じられるのは、国の最高指導者、アメリカでは大統領であり、日本では内閣総理大臣しかいないわけです。

そうなると、特戦群の指揮は、作戦を命じることができる総理大臣が握っていることになりますが、日本の場合、そういう政軍関係の全体的なシステムができていないものですから、そこが非常に大きな課題でした。今もそうだと思います。

二見　作戦は成功しても、作戦目的を達成したかどうかの判定を誰がするのかという問題でもありますね。

荒谷　そうなんです。人質は無事に救出できたけれど、民間人も含めて多くの死傷者を出してしまったとします。軍事的には目的を達成したわけですが、政治的には失敗といえるかもしれません。結果、国際問題に発展し、政府が責任を追及されることになれば、作戦の評価は非常に難

自衛官合宿で実戦におけるプランニングの手法を講義する荒谷氏。

しくなります。それらのことも含めてすべて責任をとれるのは、部隊指揮官ではなく、政治のトップです。

特殊部隊がオペレーションを行なうときには、必ずエンドステート（目的。何をもって勝利とするか）に関して、命令する側とオペレーター側が具体的にイメージの共有をしないと作戦はできません。

二見

国家が戦争を選択するとき、終戦の状態をどのようなかたちにするかを決めて、「この状態だったら目的が達成できる」、もしくは「このような戦争の終わり方になってしまうのならば、目的を達成できない。そうであるならば戦うべきではない」

という判断をするわけですね。

荒谷 そうです。戦争は軍隊がやるものだと思っている人がいるかもしれませんが、戦争は国の大事業、日本でいえば全官庁と全国民が関わってくるわけで、政府全体としてのエンドステート、つまり目標設定と目的管理が不可欠です。

特殊作戦に対する理解不足

二見 特戦群を新設するとき、周囲の反応はかなり厳しいものがあったと思います。先ほど「孤軍奮闘した」と言われましたが、いたるところ高い壁がそそり立っている感じだったのではないですか?

荒谷 はい。グリーンベレーに留学して、アメリカの「スペシャル・オペレーションズ」を学べば学ぶほどわかったのは、日本で特殊作戦を行なうには、体制的に大きな不備があるということでした。それを痛感して帰国したのですが、日本で待ち受けていたのはもっともっと低次元の現実でした。それはほとんどの者が特殊部隊をレンジャー部隊のようなイメージをもって部隊の新設・新編を考えていたことでした。

そこで、スペシャル・フォースはレンジャーとは根本的に違うこと、特殊作戦がどういうものので、特殊部隊はどうあらねばならないかについての認識を自衛隊の中で共有するところから始めなければなりませんでした。認識を改めてもらうにはかなりの時間がかかりましたね。

二見 当時、レンジャーの中のさらに選ばれた強い隊員という認識に支配され、なかなかそれを払しょくできない状態でした。特殊部隊が何たるかを理解して共有してくれた人はごく一部だったでしょうね。

荒谷 二見さんをはじめ何人かは、認識を共有していただいたと思いますが、特戦群の新編後も、組織全体として共有できていたかというと心もとない状況でした。

特戦群に向いている隊員

二見 自衛隊が特戦群を強力なレンジャー部隊のように捉えていたとすれば、特戦群の要員を送り出す部隊も大きな認識違いをしていたのではないでしょうか？

荒谷 陸幕内では認識の共有が進んでも部隊では簡単ではありませんでした。

二見 陸上自衛隊は自分の部隊が一番だ、日本一だと思い込む傾向があります。それは部隊の士気にとってはいいことですが、その日本一の部隊から特戦群の選考試験に要員を出しても落ちてしまう。「体力は抜群だし、やれと言われたら徹底的にやる。射撃も上手いのに、なぜ落ちるんだ？」と言って、食ってかかるケースが多かったと聞いていますが……。

荒谷 言われましたねー。「師団の中でピカイチの隊員を送った」と師団長から直々に申し送りされた隊員が、選考でどんどん落ちてしまうんです。そうすると「お前のところの選考検査はどうなってるんだ！」「もうお前のところにうちの隊員は二度と出さない！」と叱られます。

二見　特殊部隊員と一般隊員の違いですね。師団長クラスでもそれがわからない……。

荒谷　一般部隊での良い隊員というのは、上司から何か言われたら「はい」と答えて言われた通りの仕事をする隊員です。しかし、特戦群では、目的を認識したなら、いちいち言われなくても自分で発想し、行動を組み立て、目的達成に向けて動けるセンスが求められます。言われたことは何でもやりますという性格・性質の隊員では務まりません。資質面での隊員の評価基準がまったく違うのです。

どちらかというと部隊では能力を発揮できず、一歩退いて馬鹿な上司を冷笑的に見ているようなタイプのほうが、特殊作戦に向いている場合が多いと感じました。

二見　私も主要なメンバーを集めるときは、「何も考えていない自衛隊の訓練なんかバカらしくてやってられないよ」というタイプの人間から選びました。そんな連中は、能力的に高い者が多

東部方面混成団隷下の第31普通科連隊の実施する潜入訓練を連隊長とともに視察する二見１佐（右から2人目）。

く、本物に触れたとたん真正面を向いて、本気モードに切り換り、徹底的にやってくれる者が多かったからです。

陸上自衛隊全体としては、「これをやれと言われたのでその通りにやりました」「示された通りにやりました」「命ぜられたことはやりました」などと言って、言われたことだけを無難にこなすタイプが多いと思います。自ら発想し判断して行動する。不具合があれば、修正を加えて前に進むということができないと特殊部隊員は務まらないのでしょうね。

訓練基準を超えた訓練

荒谷
訓練をする場合、その内容、到達レベル、訓練に必要な時間などを示した「訓練基準」があります。訓練基準を満たしながら部隊を練成していくのが、自衛隊の訓練スタイルです。しかし、訓練基準というのは私から言わせると「最低それくらいはできるようにせよ」という意味であって、最強を目指すためにはその上をどんどん進み、能力を向上させていかなければならないと考えています。

でも、自衛隊の中では、訓練基準を超えた訓練をするのは、非常に難しいというか、嫌がられます。基準以外、基準を超えた訓練をやろうとすると、「何を考えているんだ」「何をやっているんだ」となります。

そうなると特殊部隊は、すべての訓練基準をもっともっと高いところに設定しなければなりません。しかし、創設当初、その基準自体がないわけですから、すべて基準破りです。何をやっても指導が入るという大変難しい状況でした。

二見　自衛隊初の特殊部隊である特戦群は、一般部隊と違って訓練基準の設定も常識を外れた、新たなものを作らなければならないわけですね。じゃあ誰が作れるのかと言ったら、特戦群しか作れない。

荒谷　通常、訓練基準は陸幕が作っていましたから、それに合わせて訓練をするというのは難しかったですね。陸幕の示した基準通りに訓練するのが陸上自衛隊の教育訓練の文化でした。部隊が独自に訓練基準を設けることはありませんでした。

二見　でも、特殊部隊の訓練は自衛隊には前例がない……。

荒谷　そこで「特戦群の訓練基準は自分たちが作っていきます」と言うと、予想通り「何を言っているんだ！」ということになりました。

しかし、部隊編成の中に研究機能を持たせ、実績を積み重ねるにつれて、だんだん理解が進みました。自分たちでしっかり訓練管理しながら、新たな基準作りをしていくことに陸幕の理解を得られたのです。

ただ、いちばん大変だったのは、第1空挺団と同じ駐屯地に所在していたことです。空挺団は「精鋭無比」を合言葉に「我らこそ最強の部隊」という非常に高いプライドがあります。彼らと同じ場所で、空挺団を超えた訓練を進めるのには、かなりのプレッシャーがかかりました。たとえば、自由降下訓練などは、空挺団は自分たちのお家芸だと思っているわけです。ところが、私から見るとただ安全管理を優先した民間のフリー・フォール訓練の基本中の基本しかやっていない。そんな訓練じゃあ空路潜入のようなオペレーションはできないわけです。

二見　そうですね。私も基本降下課程（パラシュート降下に必要な基礎的な知識、技能、心構えを身につける教育。課程修了時までに実機から5回降下を実施する）を習志野駐屯地（第1空挺団が所在）で学びました。建物に「精鋭無比」という看板が掲げられていた記憶があります。空挺団と特戦群が一緒にいると、バチバチ火花を散らすことがありそうですね。

荒谷　そうそう。

二見　特戦群が所在する場所は、特殊作戦の運用面から考えて、すぐにヘリで作戦地域や飛行場に移動できる場所、飛行場の近傍で政府の用意した航空機に乗れる場所が適当ですね。あまり言っても始まりませんが……。

荒谷　そうなんです。事情はアメリカも同じで、グリーンベレーの学校はフォートブラッグ基地（ノースカロライナ州）にありました。私がグリーンベレーに入学した当時、三島瑞穂（みずほ）さんという日本人で隊員だった方が近くに住んでいました。三島さんとお会いするたびに、グリーンベレーの話をしていただき、創設期の話もたくさん聞くことができました。

フォートブラッグには第82空挺師団（通称、オールアメリカン）が配置されていました。彼らも自分たちが最強だというプライドを持っているところに、グリーンベレーの本拠地が新たに設立されました。三島さんは第82空挺師団に所属していましたが、グリーンベレーが新編されると聞いて、グリーンベレーを希望したそうです。そうすると第82空挺師団のメンバーから裏切り者といわれ、ベース（基地）の中で会うとコテンパンにやられたりしたということでした。

まさに同じ状況が習志野駐屯地でも起こったわけです。最初はほかにも候補地があって、私は立川や木更津など、航空機動の便のいいところがいいと思っていました。残念ながら、当時、特殊部隊はレンジャー部隊の強化版というイメージが強かったこと、しかも隊員の募集は空挺隊員がいいのではないか、ということもあって習志野駐屯地が選定されたわけです。本当にオペレーションのことを考えれば、特戦群はヘリ基地にあったほうがよかったと思います。

二見 日本はアメリカ軍の先例を研究して採用しますから、第82空挺師団の所在地にグリーンベレーを置いた事例に倣(なら)った感じがしますね。

荒谷 全く同じですね。

1個チームで師団の機能を果たす

二見 部隊を精強化するには幹部たちの団結とリーダーシップが不可欠です。どのように幹部を指導し、意識づけされ、モチベーションを高めたのでしょうか? また下士官(陸曹)の教育訓

アメリカで近接戦闘射撃のプライベート・トレーニングを受ける荒谷氏。

練はどのようにされたのでしょうか?

荒谷

幹部と陸曹を一緒に教育訓練しました。特戦群の1個チームは少数で、各チームに幹部は一人しかいません。その少数の態勢で、師団もしくはより大きな軍団レベルの計画を立案しなければなりません。通常、幹部が行なう見積り・計画などの業務も陸曹も含めたチーム全員で作成しなければなりません。また、全員で計画を作ることでチームの意思と作戦認識の共有が可能となります。

二見

特殊部隊の隊員は、陸曹でも全員が幹部の能力を保有していることが必要ですね。陸曹でも連隊本部や師団司令部の1尉または3佐と同程度の知識と能力発揮が求められます。

荒谷

施設の設営・管理、爆破や爆発物処理を担当する陸曹は、兵站(補給・整備・輸送など)のスタッフでもあります。連隊でいえば第四科長(兵站幕僚)、師団でいえば四部長に相当します。しかし、四科長や四部長は多くの専門幕僚を部下に従えていますが、特戦群の場合は一人で見積り・計画を立案し、それを実行するのもすべて一人ですから、あらゆる専門能力を持っていなければなりません。

二見　私は、陸曹でも幹部の能力を十分に発揮できることをもっと自衛隊内へ広めることが重要だと考えています。特戦群の隊員レベルまでにはならないにしても、考え方と教育訓練を変えれば、かなりの能力を保有する陸曹を育成できるからです。このようなシステムができると陸上自衛隊はさらに発展すると思います。

荒谷　日本の場合、メディック（衛生兵）は、法律があって医療行為そのものはできません。他国の特殊部隊であれば医療行為を行ないます。特戦群のメディックは、アメリカでの研修で医療行為の実習教育を受けていますから、医療能力も保有し、救急救命士・准看護師の資格も保有し、予防衛生や薬剤などを計画から実業務まですべてをこなします。

特戦群には、いわゆる一兵卒というのは一人もいなくて、全員が計画立案の主務・主担当で、全員が部長役を担っているオペレーターです。

二見　特戦群の保有するメディックの能力に近いところまで、一般部隊の衛生小隊の能力を向上できれば、多くの隊員の命を救えるでしょう。連隊長のとき、メディックはとくに力を入れました。特戦群の隊員は個々のスタッフが責任者で、部下は持たないということですね。

荒谷　正確にいえば、全員がほかの部署のアシスタント役ができなければならないということです。兵站部長をやっている下士官は同時に情報幕僚、作戦幕僚などあらゆる作戦機能のスタッフもできなくてはならないのです。

二見　特殊部隊員は全員が兵站も医療も通信も武器もあらゆる面で、必要とする知見と経験と能力を持っていなければならないということですね。そうすると、幹部の地位・役割が非常に重要になりますね。

荒谷　幹部の役割は何かといえば、チーム内や部外との交渉および協力をすべてコーディネートし、オペレートする役割です。全体を調整し、統合オペレートする責任者です。いわゆる三部長（作戦担当）、幕僚長（各担当部長を取りまとめるスタッフの長）、広報部長（渉外担当）かつ指揮官という役柄で、それらを明確に分けることはできません。なぜなら、1個チームで作戦に必要なすべての見積り・計画を作成し、オペレーションを進めていくからです。
わずか数人の1個チームが、師団の全機能を果たすことになります。通常部隊の隊員とはここが大きく違います。オペレーションに必要な新しい装備品の選定・性能分析まですべて自分たちでやりました。特戦群の「群歌」の作詞作曲はもちろん、CDの制作も自分たちでやりましたよ。

二見 当時、物事にとりかかり実現していくスピードが尋常ではないと感じていました。何から何まで自分たちでやるとなれば、隊員の意識改革から始めなければなりませんね。

荒谷 通常の部隊では、下士官は言われたことをやればいい、幹部も初級幹部の場合、リーダーであっても師団の作戦をすべて作ることはない。だが、特戦群の隊員はそうではないんだと教えました。
「君たちが国の命運を左右する計画を立案し、それを首相に直接説明し、納得してもらって、それを確実に実行する。そういう能力を期待されているんだ」。そういう意識を持たせることから始めました。

イラク派遣で戦力化が進む

二見　自衛官は、命じられたことを愚直に行なうことが長所とされてきましたが、それだけではどうしても視点が低くなりがちです。一般部隊で視点を上げるには、意識改革が必要です。でもそれには時間と根気がいります。荒谷さんの言われるレベルまで、意識を高めるのはとても難しいと思います。

荒谷　選考時に、ある程度、意識を転換できる素質を持った者を選びましたが、具体的にどうすればいいかというのは別の問題です。幸いなことに、特戦群の創設のタイミングと、自衛隊のイラク派遣の時期が同じだったんです。

我々はイラク復興支援（イラクの国家再建を支援するため2003年～09年まで実施）の第1次隊から第10次隊まで、そのすべてに関わることができました。隊員を教育し、理解させたことを、すぐにイラクの現場で発揮する機会が得られたのです。イラク派遣は、特戦群の戦力化を進める原動力になりました。

二見　出迎え時にイラクから帰国した隊員と荒谷群長がハイタッチしていましたね。あれは普通の部隊では見られないことで、「すごいなぁ」と感心しました。

荒谷　特戦群で、私は「若い3曹でも臆することなく、とにかくアイデアがあったら、直接、俺の部屋に持ってこい」と常に言っていました。

するど、3曹が群本部を経由しないでパッと私の部屋にやってきて、「群長、こういうこと考えているんですが、どうでしょうか」と説明に来るようになりました。アイデアがあれば直接、群長に提案するということが、徐々に特戦群の文化として根づいていったのです。

たいていは「そうか。では○○3曹やってみろ」と本人に任務を付与し、その後、第三科長（運用訓練担当）を呼んで、「三科長、○○3曹にこれを任せるからちょっとサポートしてくれ」「はい、わかりました」という感じで進めていく手法をとりました。

二見　群長を核として、幹部・陸曹全体に広がる信頼関係がないとできないことだと思います。こ

特殊作戦群「隊旗授与式」で答礼する荒谷群長。

れができると、部隊・隊員が飛躍的に成長し、隊員の目が輝きます。やれと言われたことをやるのは、最大限やっても100パーセントで、通常80パーセントできればよくやったといわれます。一方、隊員自ら自発的にやった場合、100パーセントどころか数倍にもなり、さらに進化していく状態になります。これこそ指揮官の醍醐味ですね。

荒谷　先ほどお話ししたように、部隊で「いや、俺だったらこうやる」と思っていた連中は、水を得た魚のようにどんどん意見を出してきて取り組むんですね。能力は十分ある隊員たちなので、経験の浅い幹部が学校で習った通りのＬＰ（レッスンプラン：訓練指導計画）を書くよりもすごく内容があり、実効性がありました。

このような意識でイラク派遣のオペレーションにつきましたので、彼らが部隊の実情を見ながら、適正な方向へ変えていくことができました。トレーニングの仕方も教訓を活かしてどんどん改善されました。

それ自体はすごくよかったのですが、一般部隊はこのやり方にまったく慣れていなかったので、特戦群の3曹が1等陸佐の普通科連隊長であるイラク派遣群長に「連隊長。そのやりかたはまずいですねー。こうやった方がいいですよ」みたいなことを私に話すように言ってしまい、「お前のところの隊員は一体どうなってるんだ！」と言われたこともありました。

連隊のスタッフからも「何で軽々に連隊長にそんな意見を言うんだ！」と苦情が寄せられましたが、多くの派遣群長さんは優秀な方だったし、ミッションの重大性を理解されていたので、許容していただいたケースがほとんどでした。もちろん生意気すぎて、大ひんしゅくを買ったケースもありましたが……。

二見

部隊長は常に謙虚な心が必要です。そうやって特戦群の隊員は、どんどん受け入れる容量が大きくなっていくわけですね。ふだんから何をどういうふうに問題解決していこうか考えているから、頭が柔らかく、行動もしなやかになるんですね。
自衛隊の一般部隊の強さは硬い強さです。硬い強さは意外にもろい面があります。そして、予想をしていない事象が起こると混乱してしまい、フリーズしてしまいます。柔らかくて、しなやかな強さは、どんな状況でも力を発揮できる強さだと思います。

荒谷
そうですね。習志野駐屯地に行くとわかりますが、特戦群の隊員かどうかすぐに気づきます。
世界中の特殊部隊のメンバーと交流がありますが、彼らの印象は企業で働くエリートビジネスマンのような感じです。映画のランボーや俳優のシュワルツェネッガータイプの隊員はまず見かけたことがありません。物腰や人当たりがとても柔らかいんです。

二見
見た目はビジネスマンで、上着を脱ぐとボクサーのような細身の筋肉質……。

荒谷
筋金入りというやつですね。

第3章　精強部隊を作るには

特殊作戦に必須の民事・心理戦機能

二見

特殊部隊は海外に展開すると、現地住民との交流や広報活動など、さまざまな意識操作を行ないます。米軍には民事や心理戦機能を持った部隊がありますが、日本にはありません。

この機能がないと、特戦群自身でその機能を持たなくてはなりません。そのためには組織や人員を増やさなくてはならない。特殊作戦自体をなかなか理解してもらえない環境で、民事や心理戦機能の必要性を説明するのは大変だったと思います。

荒谷　グリーンベレーに留学させてもらったとき、特殊部隊の教育システムをすべて勉強させてもらいました。二見さんが言われるように「アンコンベンショナル・ウォーフェアー（非通常戦）」の概念には、心理戦や民事作戦（作戦行動への協力など軍事作戦を促進するための民間の領域における軍の行動）などの要素が入っています。自衛隊の中にも民事作戦的な機能はありますが、心理戦に至ってはまったくありません。心理戦の部分は自前で育成しなければなりませんでした。

二見　具体的にはどのようなことをされたのでしょうか？

荒谷　心理戦や民事作戦は、演習場でやる訓練だけでは不十分です。実際に街に出て、住民との会話を通じて自分たちの意図する方向に持っていくことが求められます。イラクへ派遣される前に、日本にあるモスクに通い、イスラム教を勉強しました。イスラムの人たちがどのような教えと慣習を持っているか、何をやってはいけないかなど、実地に学びました。

最初にイラクに行った第1次隊のチームリーダーは、青森県出身でヒゲが濃かったせいもあり、イラク人から「お前の両親はイラク人か?」と聞かれ、「たぶんイラク人じゃないと思う。でも、おじいちゃんかおばあちゃんはイラク人かもしれない」と話を合わせると、「お前はこの地に幸福をもたらした男だから、名前を授ける」と言われ、「サワディー(幸福)」という名前をもらいました。

それほど現地の人々に受け入れられ、信頼された彼は「自分はイラクのためにここに残って再建に従事したい」と言うほどまでになりました。ただ、そのまま居残られると次のメンバーと交代できないため、「取りあえず一度帰ってこい」と命じて帰国させました。

二見　そこまで信頼してもらうのは凄いというより、完全に現地に同化していて大丈夫かと逆に心配になりますね。でも、人の心を動かすには、本心でそう思わなければ実現しません。

荒谷　これほどの関係を現地で築けたことは素晴らしい成果だと思いました。住民たちと深い信頼関係が構築できることは部隊の行動安全を確保するためのセキュリティの基本です。住民との良好な関係構築は、作戦遂行の基盤となることを実体験したのです。

第1次隊で貴重な経験を積むことができたことから、オペレーションを終えて帰国した隊員

攻撃前の最終調整を行なう即応予備
自衛官の訓練を視察する二見１佐。

は、特戦群の全隊員が経験値を積むため、すべてをブリーフィングさせることにしました。「こうやるとこうなる。だからこれをしなきゃいけない」「これをすればよかった。これはしなくてもよかった」ということが、回を重ねるごとに蓄積されていきました。

このように実戦を通じた教訓の積み上げにより、自衛隊のトレーニングでは訓練しにくい心理戦という分野も、実戦の中で作り上げることができました。

部隊が強くなるかどうかの分かれ道

二見
アメリカの「アパッチ（対戦車ヘリ）」部隊は、一度戦争に行って戻ると、通信やターゲティング情報（火力によって破壊する目標に関する情報）を情報収集部隊、火力戦闘部隊など、どの部隊とデータリンクすればいいか、改善点はどこかなど、ヒアリングを受けるといいます。しかも、そのヒアリングは1か月ほど続くそうです。
実戦を経験した兵士から聞き取った情報に基づき、装備や運用を変えることで、次のアパッチ部隊が前線に出る時は別の対戦車ヘリになっているほどだといいます。これが実戦を戦う部隊の強さだと思います。

荒谷　そうですね。

二見　「教範を超えたものは必要ない」と言って、教範の範囲内で訓練を進めると、訓練はワンパターンに陥り、同じことの繰り返しになります。AAR（アフター・アクション・レビュー：訓練の振り返り）でも、教範に書いてあること、言われた通りにできたかどうかが評価の主体になってしまいます。

陸上自衛隊では、新たな経験値を取り入れながら強くなるという道を自ら閉ざしている気がします。一定の能力を有する兵隊を作る、はっきり言えば突撃兵をたくさん作っていくような訓練がいまも続いていると思います。

荒谷さんが話されたように実戦で得たものを教訓化し、どんどん部隊で共有し、それに基づいて訓練内容を修正していく。それを当然のこととして進める必要があります。それは特戦群に限らず、どこの部隊でも、規模に関係なく、たとえば、7人の分隊からでもすぐに始めるべきです。これはあまり難しいことではないと思います。

特殊作戦群創設時、特戦群本部前に殉職者隊員の魂の依代（よりしろ）となる榊（さかき）を植樹する荒谷群長。特戦隊員は任務遂行中に死んだらここで会うことを誓う。

荒谷　スポーツでも格闘でも武道でも、伸びる人は試合や戦いの最中に教訓を活かして戦うことができます。相手はこの攻撃パターンで仕掛けてくるというように、戦いながら相手の動きを観察・把握して自分のデータベースへ取り込むことができます。だから、同じ攻撃を相手がしてきたら、受けたり、逸（そ）らしたり、カウンター攻撃ができるのです。

これは実際に戦いをした人はわかると思いますが、最初からこの技を出して戦って勝つということはほとんどなく、戦ってみた感触から戦い方を最適化して勝利に導きます。つまり、瞬時に教訓を蓄積していくわけです。だから個人でも部隊でも、同じようにＡＡＲは習慣化すべきだと思います。問題は正しくＡＡＲすることですね。

二見　初級・中級者は、練習してきた技を繰り出して勝とうとします。相手の動きを見切ってそれに対応する技をかけるのは、上級者でなければできないことです。戦闘においても上級者レベルになると格段に手強くなります。実戦で学んだ経験や勝利のポイントを蓄積しているからです。それはなかなかできないことです。

荒谷　自衛隊での私の最後の職は研究本部（陸上自衛隊の部隊の運用に関する調査研究を行なう「総合研究部」「教訓センター」「開発実験団」からなる組織。２０１８年「陸上自衛隊教育訓練研究本部」に改編）でした。

当時、教訓センターがようやくできた時期でした。しかし、教訓化という業務が、まだ組織としてなじんでいなかったので、せっかく部隊から上がってきた教訓を活かすというより、上級部隊の意向に沿った教訓としてまとめるだけでした。教訓を実際に活かすという視点がなければ、結局、教訓は教訓たり得ず、従来のセンスに収まったものになってしまいます。

米軍では、たとえば兵士がミリタリーショップや通販で購入したグッズであっても、戦場で役に立ったら、それを装備化するなど、兵士一人ひとりの教訓を高く評価しています。しかし、日本では、そのようなことをすると、「誰がそんなの買っていいと許可した」ということになってしまいます。上が決めた基準ばかりを見て現実を見ない。一人ひとりの隊員の経験について、それが部隊と作戦にとって良かったか悪かったかについて、まったく関心がなく、尋ねもしません。

そこが、部隊が強くなっていくかどうかの大きな分かれ道です。

二見　組織内部のことばかりに気を使う内向きの組織はすぐに退化し、末期的な状態に進んでいきます。組織というのは外に対してどのように影響を与えていくかが重要です。各隊員が得た教訓を上官が納得しやすい従来方式にまとめるだけでは、せっかくの宝が埋もれてしまいますね。

同じ時代に最強を目指した40連隊と特戦群

（二見 龍）

より強い相手を求めて

世界標準を目指していた第40普通科連隊（40連隊）は、私が連隊長時代、強い部隊との訓練や一流の戦闘インストラクターからどん欲に戦闘技術を吸収していました。

実戦的な訓練をしている部隊がいると聞けば、すぐに調整して隊員を送り、そのテクニックを学ばせました。

普通科部隊の教育訓練、研究を主導している富士学校普通科部と市街地戦闘訓練を協同で研究するようになり、40連隊が駐屯している小倉駐屯地はいつの間にか日本全国の部隊が常時、訓練研修のため来隊するようになっていました。

さらなる強さを求め、CQB（近接戦闘）で40連隊を打ち負かすほどの相手と戦ってみたいという願望が隊員をはじめ部隊全体にありました。

特殊作戦群（特戦群）は、陸上自衛隊唯一の特殊部隊としてほかの部隊といっさい交わることなく、精強さを求めて孤軍奮闘していました。初代群長の荒谷卓氏が徹底的に隊員を鍛え上げているので、その強さは並大抵のものではないはずです。一度手合わせをして、その戦闘技術のレベルとそれを支えている精神に触れたいとずっと思っていました。

一般部隊vs特殊部隊

師団や旅団の基幹部隊として、特科、戦車、施設、後方支援部隊の配属を受けて戦う普通科連隊と、単独行動が基本の特戦群とでは、任務が大きく異なります。求められる行動（許容できる損害）や戦闘要領（離脱までの活動時間）も違うので、一般的な普通科部隊が特殊部隊と戦う状況は少ないと思われますが、一戦闘場面に限れば可能です。

たとえば、ルームエントリー（室内突入）から始まる建物の制圧や人質救出です。この局面

駐屯地内に設置した夜間室内戦闘訓練場でコンバットライトを使用したローライトコンディションCQB訓練を実施する第40普通科連隊の隊員。

で敵と味方に分かれて、交互に役割を替えて対抗戦をすることで、どちらが強いかを見極めることができます。

数多い普通科連隊の一つである40連隊が、一騎当千の実力を持つ特戦群と戦って勝てるはずがないと思われるかもしれません。おそらく隊員たちも「われわれは特戦群に勝てるでしょうか?」と疑問を口にするでしょう。

しかし、私は、互角かそれ以上の戦いができなければ、おかしいと考えていました。なぜなら、少人数で特殊任務を行なう特戦群には多種多様な訓練が必要です。戦闘訓練以外にも心理戦や情報戦をはじめとする多くのことを学ばねばなりません。

潜入訓練一つとっても、森林地帯や市街地への徒歩による潜入、パラシュートによる自由降下の空路潜入、海や河川からの水路潜入、登山技術を必要とする山岳地域への潜入など多岐にわたります。

一方、普通科部隊は、CQB訓練をやろうという意志さえあれば、毎日だって訓練でき、特戦群の何倍もの時間をそれに充てることができます。40連隊はCQBで世界標準を目指して質の高い訓練を行なっているので、そう簡単にやられるはずがないと考えたのです。

勝敗を分けるのは、いかに効率のよい訓練をしたか、強い部隊を相手に厳しい訓練をどれだけこなしたかです。そのうえで隊員の本気度の差になると考えました。

最も充実していた連隊長時代

残念ながら、特戦群と手合わせする機会はありませんでしたが、このような考え方に基づき、対抗戦形式の訓練を行ない、自分たちよりレベルの低い部隊を倒したら、次は同等のレベルと戦い、よりレベルの高い相手に向かっていくという実戦的な訓練を繰り返しました。

訓練を実戦に近づければ近づけるほど状況設定は複雑になります。たとえば負傷者が発生したらどうするか。負傷者の人数によっても、状況は大きく変わります。実動訓練をしては、AAR（アフター・アクション・レビュー）を行ない、この場合の対応はどうだったか、動きを一つひとつ確認して、また実動訓練を行なう。AAR→実動訓練→AARを繰り返すことで、できないことができるようになります。

当初は予想外の状況が発生すると動けなかった隊員が、訓練を繰り返すことで、状況に応じて戦い方を変化させ、状況を打開する方法を自ら考えるようになりました。

連隊長の私は、常に荒谷さんの特戦群ならどんな訓練をするのか考えながら、さらなる部隊の精強化を目指しました。

訓練方法以外にも、特戦群ならどんな装備を必要とするかを考え、入手できる装備は試し、入手できないものは使用要領を取り寄せて研究しました。

当時、フラッシュバン（スタングレネードと呼ばれる閃光発音筒）やシムニッションン弾（火薬発射式ペイント弾）、CQB戦闘用の耳栓、スコープ、サプレッサー、防弾ベスト、防弾盾……等々、自衛隊では知られていない装備品が特殊部隊や世界標準の部隊で採用されていました。

装備品以外にもコンバット・メディック（戦闘医療）の分野で自衛隊は立ち遅れていることを知り、できることから改善しました。

とくに不足していたのは、CQB用の装備品と訓練機材でした。上級部隊や陸上幕僚監部（陸幕）に要望しましたが、一部配備されたものの、ほとんどが実現されない状態でした。おそらく特戦群も同じ状況だったのではないでしょうか。特殊作戦で必要とする装備品や機材は多岐にわたります。その必要性をいくら説明しても、上層部が機材を知らないのですから、部隊の戦力化は想像を絶する苦労があったと思います。

40連隊と特戦群は互いに精強さを追求し、それぞれ奮闘していました。組織内で先端を走る者は孤独で、誰も知らない世界の扉をこじ開けながら進むには強い意志が必要です。

世界標準の部隊を目指して、部下と一丸になって突き進んだ2年半あまりの連隊長時代こそ、私の長い自衛官生活の中で最も充実した時期でした。

第4章　国を守る戦闘者とは？

合理性・効率性だけではない生き方を貫く

二見

特戦群は非常に複雑多岐にわたる任務があり、場合によっては、作戦目的を達成するために、命を捧げる覚悟が必要な任務があると思います。

給料はその分プラスしてもらっているかと思いますが、はたから見たら金額に見合っていないはずです。国防に任ずる者は、お金の多寡(たか)について拘泥(こうでい)すべきものではありませんが、給料はそれほど高くなく、厚遇されているわけではありません。そんな環境の中で、使命感、覚悟をいかに形成していくかは、重要なポイントになると思います。

荒谷

仮に、オペレーション中に、チームの一人が歩行もできない重度の負傷を負ったとします。チームで担いで帰っても助かる可能性が低く、またそれは任務遂行の支障になる。こういうときにどうするか？

「もし自分がそうなったら、敵が必ずアプローチしてくるところに、俺の体を戦える状態で壁にでも寄りかけてくれ。そして、尻の下に圧力を解除したら起爆する爆薬を仕掛けてくれ」

つまり、自分の体が倒れたら起爆装置が作動して爆発するようにセットさせて、爆薬の上に座って敵を待つ。敵が来たら最後まで撃てるだけ撃って敵を損耗させる。最後に、自分がやられたら起爆装置の上に死体が残る。敵が死体を検索（所持品などを調べる）するときに、自分の体をちょっとでも動かしたら爆発するように起爆装置をセットしておけば、味方の退避時間を稼ぐと同時に、敵に損耗を与えられる。そのような極限の状態の選択について、みんなが当たり前のように考えや意見が言える、そういう雰囲気の部隊作りを進めました。

二見

普通科の部隊でも、このようなチームを目指して練成すべきだと思います。そこまでの訓練

グリーンベレーの訓練を終え卒業式に出席する荒谷１佐。外国からの同期生とのツーショット。

を行ない、心積りができていないと、厳しい任務を達成することができませんね。

荒谷　私が一生懸命、隊員に教育したことは、国を守るということは、その瞬間に勝ったか負けたかということ以上に、国を守るためにその人間がどのようにに生きたかというヒストリーが大事だと伝えました。

戦争があろうがなかろうが、歴史をたどれば戦争がなくても滅びてしまう国もあります。日本は建国以来、二千数百年、国防が成功してきたからずっと存続しています。

日本には、国を守ってきたヒストリーがあります。先人たちがどういう思いで国を守ってきたかということが、今の国防にとってとても大切なことなのです。なぜなら、一生をかけて国を守ることを実践してきた先人の行動と思いこそ、私たちが伝承すべき国防の理念なのです。近いところでは大東亜戦争で亡くなった英霊たち。近世では西郷隆盛や吉田松陰、中世は楠木正成や北畠親房（きたばたけちかふさ）、古代では物部氏、大伴氏など多くの英霊がいます。このような先人がいたからこそ、後世の人間がその行動に触発され、「日本にはこういう人たちがいたんだ。じゃあ自分たちもそのような生き方をして頑張ろう」というものが必ずあります。

自分の国に見習うべき人間が一人もでない国は、絶対に長続きしません。

二見

その通りです。そこがまさに荒谷さんが言われる日本の歴史、日本人に関する重要なところですね。

荒谷

私たち日本人が、過去の歴史を正しく学ぶことができれば、国のために命を惜しまず力を尽くした素晴らしい手本を見せてくれた多くの先人の存在に気づきます。そして、その先人たちを模範にして自分を磨くことができます。

特戦群戦士の武士道

一、確たる精神的規範（正義・信念）を有し生死の別を問わず事に当る腹決めをすること

一、臆せず行動できる勇気（気概）とこれを維持する気力（胆力）を鍛錬すること

一、事を成し遂げる実力（知力、技術、体力）を修養すること

一、言動を一致させ信義を貫くこと

特殊作戦群長

「特戦群戦士の武士道」と、それを刻んだチャレンジコイン。日本の戦闘者にふさわしい日本刀の鍔（つば）を形どって荒谷群長自らデザインした。

少なくとも、大東亜戦争のときまでは、国のために尽くした先人たちが大勢いました。残念ながら、戦後このような正しい日本の歴史を教育の場から消し去り、国をあげて国民に教えない、見えないようにしてしまいました。

このような時代だからこそ、「特殊作戦群に所在する君たちが国を守る日本の戦闘者の生き方を示し、日本の歴史を作っていけ」「『作戦が成功したか、しないかということとは別の『歴史的な次元』で、一人ひとりが

オペレーションを実行し、どのように生き、死ぬときはどのような姿を見せるか、身をもって歴史に刻んでほしい。そこをよく考えてくれ」と隊員に伝えました。
特戦群の隊員たちが、自分の信念と価値観をよりどころとして、今どきの合理性・効率性だけではない生き方を貫くことが、国の存続・継承に大きく作用するという意識を持ってくれたのは、大きな成果だったと思います。

モチベーションの高い人間がリーダーになる

二見
いま荒谷さんが言われたことは、すべての指揮官が話すべき内容だと思いました。ただ、それだけで隊員はなかなかついてくるものではありません。ふだんの荒谷さんが実践されている言動を間近に見て、隊員たちは感化されていったのだと思います。

荒谷
そう話す以上、自分もそのような生き方を示さないと、「隊員には厳しいことを言うが、群長は自分では何もしていない」ということになってしまい、逆効果です。言うということは、自分に対して厳しいノルマを課すことでもあります。二見さんも同じだったと思います。

二見　連隊長時代に自分に課していたことは、連隊の誰よりも40連隊、つまり隊員が強くなることを考え、ほかの誰よりも40連隊を愛することでした。その思いだけは、連隊長勤務の間、誰にも負けない、負けてはいけないと思っていました。

荒谷　部隊長になる前、「俺で大丈夫なのか、できるだろうか」という葛藤と、自分が全部下、隊員の範(はん)にならなくてはならないという思いが交差していました。

「誰が隊長やリーダーになるべきか。それは少なくとも、そのグループの中で国を守るための任務遂行に最も高いモチベーションを持つ人間がリーダーになるべきだ。頭がいいとか、何ができるとか、成績がいいということではなく、責任感をもって全員をして任務遂行へと向かわせることができる者がリーダーになるべきだ」。これは私が隊員に常に話していたことです。

そのため、群長は特戦群の誰よりも愛国心が強く、任務に対する高い使命感を保持していなければなりません。特戦群の全隊員をはるかに上回る愛国心と使命感を持っていることが絶対条件でした。最後には「俺一人でも国を守る」。それがあってはじめて胸を張って「俺が群長だ」と言えます。

その状態まで自分自身を作っていかなければなりませんでした。

二見　連隊長時代、自分の持っているモチベーションや使命感のすべてを部隊・隊員に使っていました。そうすると活力がどんどん目減りしてしまう。荒谷さんは、前に進む意欲をどう維持していましたか？

荒谷　群長についてからは、隊員との相互作用でモチベーションを上げました。自分が高いモチベーションをもって隊員に指示を出すと、私のモチベーションによって隊員のモチベーションがぐんぐん上がっていくのです。

人は、環境によってモチベーションが上がったり下がったりします。群長としての私の仕事は、常に高いモチベーションを保てる環境を作ることです。

二見　モチベーションの管理は、とても難しく正解がないものです。モチベーションは強い部隊ほど必要です。特戦群のモチベーションの管理はとくに難しく、激しかったと思います。

荒谷　たとえば、特戦群は一般部隊のように銃剣道競技会のような競技会はありませんでした。あえて私がやったのは相撲大会、ルール無用の格闘大会、実戦スタイルの射撃競技会。ほかにも東京・奥多摩で開催される「長谷川恒男カップ」（日本山岳耐久レース）のコースを夜間走破する競技会を企画しました。といっても、課業時間内に競技会のための訓練をするのは禁止。トレーニングは課業外のプライベートの時間でのみOKというものです。

私は隊員たちに「お前らは俺に勝てるか？」と挑発しました。当然「何だと！」みたいな感じで、隊員たちは「よし群長を負かしてやる！」と発奮します。

相撲大会は全隊員が参加します。そのため、小グループごとのリーグ戦（抽選で対戦相手を決める）から始まります。勝った者が決勝トーナメントに進みます。

相撲大会を企画している幹部から、「リーグ戦では『群長と同じグループにしてくれ』という隊員が殺到していますが、どうしましょう？」と言ってくるんです。それで「俺のグループに入ったら全員、俺にやられるから、ほかのグループに逃げたほうがいいぞ！」と言って、さらに隊員の負けん気に火をつけました。

日本武道をベースに菅谷氏が編み出した近接戦闘用の格闘術

私のグループは、当然、全員が私を倒すという凄く高いモチベーションを持ってやってくるわけです。このような状況を作ってしまうと、自分自身も「群長は口だけだ」と言われたくないので、あっさり負けるわけにはいかなくなります。

ですから、私自身も、隊員の高いモチベーションに触発され、もの凄い状態まで上がったモチベーションを維持し、ひたすら、こっそり、トレーニングに励みました。

そして、リーグ戦では全隊員をぶん投げて、決勝トーナメントに進み、決勝戦までいきました。決勝ではさすがに負けてしまいました。

指揮官がそれくらい本気になって隊員と実力を競う。その本気度と努力を示すことで隊員も本気になり、お互いをリスペクトできるようになります。「こいつらとなら一緒に戦える」。そういう気持ちが醸成されるのです。

しかし、さすがに特戦群長として最後の大きな演習が終わったときは、「バタッ」という感じになりましたね。

二見

やはり、そうでしたか。私も、離任式が終わり駐屯地を後にして北九州空港へ向かう頃になると、肩の荷が下りるというのはこういうことかというほど、脱力したのを覚えています。このとき、全力で走ってきたのだなと実感しました。飛行機に乗った瞬間からまったく意識がなくなりました。

人生の中でいちばん充実しているときに踏ん張ったことは、いつまでたっても鮮明に覚えています。ほかのどの自衛官勤務よりも、2年半の連隊長勤務は、当時の訓練状況、隊員の踏ん張り、新戦法の開発がいくらでも鮮明に浮かび上がってきます。充実し凝縮された日々であった40連隊長の勤務はいちばんの思い出ですね。

基礎トレーニングは課業外に行なう

荒谷 特戦群長のときは、自分自身も非常に充実していた期間でした。

二見 それにしても山岳耐久レースは素晴らしいアイデアだと思います。先日、チベットの未踏峰(みとうほう)登頂を目指す人と対談をしたのですが、彼は肉体的な強さもさることながら、山頂へ行けるかどうか、前に進む体力は残っているか、コンディションはどうかということを常に考えながら登ると言っていました。

高度が上がるにつれ、酸素が薄くなると、一歩進むのにかなりの体力を使い、歩幅も小さくなり、スローモーションの映像を見ている状態になるそうです。

「もうダメか」「まだ行けるか」という心の葛藤をしながらの登山になるといいます。

そして、山頂への最後のアタックに際して、隊長は最もモチベーションが高い者をアタックに連れていくということでした。

山岳耐久レースではそこまでやらないと思いますが、ものすごく実戦に役立つ要素が満載だと思います。

荒谷

ロープを使ってクライミングするようなコースではありませんが、長谷川恒男という日本でも有名な山岳家がトレーニングに使っていた73キロメートルほどのコースです。我々はその半分の37キロを使って山地走競技会を行ないました。当然、特戦群の全員が走ります。稜線（りょうせん）は大勢では走れないので、小グループに分けて時間差で夜の9時頃からスタートします。

私は最後のグループで出発します。例によって「俺がお前ら全員を抜かしていくからな」と言って隊員のモチベーションを高めました。

真っ暗闇のなか、滑落したらかなりまずい場所が点在するコースを必死に走ります。これだけでも結構なトレーニングです。先ほど言いましたように、山岳レースの練習を課業時間内に行なうことは絶対させませんでした。練習したいなら、休日に各人が時間を作ってやるように徹底しました。そのため隊員は休日に山へ行ってコースの偵察や試走を言わなくてもやっていました。もちろん、私自身も休みの日の昼夜を使ってこっそりトレーニングしてました。

習志野駐屯地でも空挺隊員は課業時間内の夕方4時くらいから演習場をランニングしていますが、特戦群の隊員は夜の9時頃、30キログラムほどのバックパックを背負って、黙々と歩いたり、走っていました。誰かが始めると、あいつがやっていると言ってみんなやり出す状態でした。こうして、戦闘者としてあるべき姿のスパイラル（好循環）ができたと思います。

ラックサックマーチで体と精神を鍛える

二見

北九州市の小倉駐屯地で、小銃と装備をつけずに隊員が懸垂をしているのを見ていた時、防衛大学校の運動部で主将をやっていた若手幹部が2回懸垂をしたところでポロンと落ちてしまったんです。そのときは驚きました。「運動部出身なのに何なんだ?」と。懸垂ができなかったり、レンジャー訓練で腰を痛めるのは、背筋と腹筋が弱いため、加重に耐えられないからです。

部隊では、夕方になったら、軽くランニングをして汗を流すのがルーチンになっていました。体操着でランニングする時間があったら、背筋と腹筋を鍛えるため重量のあるリュックを背負って歩くことを2~3時間やったほうが、戦闘用の体力がつき、体が丈夫になって壊れなくなるのではと考えました。そこで背筋と腹筋の強化に切り替えました。ルーチンになっていた夕方のランニングは、課業時間外でやらせるようにしました。背筋と腹筋の強化と同様に、山を登り下りする山岳走破の練成は戦闘者にとって非常に効果が高いと思います。

荒谷

そうです。グリーンベレーの課程に入校すると、時には80キログラムほどのバックパックを背負うことがあります。体の大きい米兵は80キロくらいでも「よいしょっ」と起き上がれますが、日本人の体格ではちょっとやそっとでは立ち上がれません。一度カメのように四つん這いになって、80キロの重さにつぶされないように耐えてからしか立ち上がれませんでした。

80キロのバックパックを背負って沼地に入っていくと、ずぶずぶ沈んでいきます。身長のある米兵が先頭を歩いてリードすると、後ろからついていく私は息もできなくなるほど沈んでしまいます。水面から口も鼻も出すことはできず、80キロの重量物を背負っているので、跳ねてもなかなか水面に鼻が出ません。アップアップしていると波紋が立ってしまうので耐えるしかないんです。「もう死ぬんじゃないか」と思いました。

しかし、ラックサックマーチ（重いバックパックを背負って長距離を早足で歩く）は体を鍛えるのにいちばんよいトレーニングだと思います。軍人であれば絶対にやらなければならないと思います。

帰国後、ラックサックマーチを奨励しました。習志野演習場で特戦群がラックサックマーチをやるようになると、空挺隊員もラックサックマーチをする者が何人か出てきました。ラックサックマーチで体力と精神の両方を作っていくことができます。

ストレスを「餌」にする

二見

日常生活の中で、特戦群の隊員たちは、オンとオフの切り替えはどうしているのでしょう

大東亜戦争時オーストラリアのシドニー港停泊中の米・豪・蘭戦艦を日本海軍の特殊潜航艇が攻撃した際の殉職者の霊に対しオーストラリア特殊作戦コマンド軍司令官とともに慰霊の花束を捧げる荒谷1佐。

か？ 24時間ずっとオン状態だとすれば、オンの中でも多少の振れ幅があるのでしょうか？

荒谷

オンとオフの話でいえばずっとオンです。

普通の人はオンの状態がずっと続くと、ストレスを感じるはずです。オンのままで家庭生活を送るのは難しいでしょうね。

特戦群の選考検査の最大のポイントは、ストレスを「餌」にできるかどうかです。ストレスを与えれば与えるほど、ストレスを嬉々として受け入れる気質の人間が必要だからです。一般人にずっとオン状態でいろと言っても、ストレスでつぶされてしまいます。持続できないでしょう。

特戦群の隊員は、ずっとオンのままでいて、ストレスがかかってもそのストレスを好むタイプの人間です。普通の人がオン状態のままでいたら、ハイテンションが続いてしまい、おかしくなってしまいます。そのような状況であっても、特戦群の隊員は、通常の状態程度に感じます。本人にとってはそれほど無理がない状態であり、逆にストレスがないとつまらないという隊員ばかりです。

二見　自衛隊のレンジャー課程の訓練には映画『フルメタル・ジャケット』に登場するハートマン先任軍曹のように怒鳴りまくるイメージがありますが、逆に特戦群の選考課程はすごく静かな感じがします。

荒谷　そうですね。レンジャー訓練では、なんとか最後まで頑張らせて、課程を修了するまでもたせるという感じですが、特戦群の選考は「もう、やめたほうがいいんじゃないの。無理しないほうがいいぞ」と静かにささやき、それでもやめない隊員を選びます。

そのため、選考検査ではさまざまなストレスをかけます。体力的なストレスはもちろんですが、短期間で精神的なストレスをかけるためにいろいろ工夫します。限界に近いところまで肉体的、精神的なストレスがかかっているときに、「もう十分じゃないか、やめたら楽になるぞ」とか言われると、普通の人は「はい」と言ってしまいますが、特戦群の隊員として選ばれる人間は絶対にそうは言いません。

「やめたらいいんじゃないか」と尋ねると、苦しい顔をしているんだけど、「なに言っているんですか」と言って、ニコッと笑えるタイプですね。

東部方面混成団隷下の女性自衛官教育隊の徒歩行進訓練を教育隊長とともに同行する二見１佐。

二見　よくわかりました。特戦群の選考検査は、怒鳴りまくって落とすのではなく、強い精神力を持っているかどうかを見極めるものなのですね。

荒谷　そうです。強いメンタリティーがなければ一人ひとりのオペレーションは達成できませんからね。

第5章　実戦に近づけて訓練する

危険でなくなるまで訓練する

二見

現場では状況認識（コンディション）が重要です。私も「コンディションは？」とよく聞くようにしていました。いま置かれた状況と手を打たなければならないことが短時間に把握できるからです。

たとえば、現地で先行した部隊やほかの部隊と連携するとき、「コンディション」を確認することで、次の行動は当初の計画通りに実行していいのか、修正を加えなければならないのか、ほかの計画に切り替えなければならないのかなどをただちに判断します。刻々と状況が変わる特殊作戦において、「コンディション」をどのように捉えているのでしょうか?

荒谷

現在、部隊で実際にどのように行なっているかはよくわかりませんが、特戦群の創設期は、みな完全フル装備で寝ていました。本来、通信機は通信庫、武器は武器庫において管理する規則がありましたが、寝るときも完全フル装備が必要と考えたからです。

特戦群で、それが当たり前になってきた頃、装備類の検査がありました。いつも通り完全フル装備で寝ていたところ、検査官にひどく怒られました。とはいっても、私の隊員たちは「はい。わかりました~」という感じで対応していましたね。

規則通りにと言われても、目的意識のレベルの次元が違うからしょうがないという感じです。検査する側からすれば怒って当たり前ですが、我々は意に介しませんでした。なぜなら、それが特殊部隊では当然であると考えていたからです。

二見

私も同じようにやりたいと思っていました。演習場の訓練では、当然のように行なっていることです。これを日常的に行なっている部隊・隊員は褒められるべきです。何のために行なっているかを優先すべきです。管理することが目的になっていることに違和感がありましたね。

荒谷

あらゆる面で我々の意識レベルはこのような状態でした。いちばん大事なことは、自分は何をするのだという目的意識を持っているかどうかです。

状況が変化しても目的意識は変える必要がないので、状況に適応して目的を達成するために計画を変えればいいのです。「状況が変わったので、今までの計画はなしね」という感じで進めていけばいいだけです。

現実の状況や効果を見ないで計画通りに仕事をするのは役人。オペレーターは、現実の状況や成果に着目して必ず目的を達成します。

二見

物の管理や規則は、装備が故障や破損がなく良好な状態でいつでも使用できるようにしておくことが本来の目的です。平和な時代が続くと、検査で物品管理がよくできていることが重要となり、そうした部隊の評価が高くなります。そうすると、規則に書かれていることをかたくなに守らせることが目的となり、規則の番人のようになってしまいます。

これは、物の管理だけでなく教育訓練、安全管理、全般に共通することです。

荒谷　もし目的意識が希薄だったら、規則ではこうなっているから、計画ではこのようになっているからといって、状況が変わっているのに規則や計画通りに進めることになるでしょう。でも、そのようなやり方では、所期の目的は達成できません。これが実戦なら、無駄に兵隊を殺すことになります。

自分は何のために特戦群にいて、特戦群で何をしようとしているかがいちばん重要です。これがブレなければ、計画や予定が突然変わっても、人から何を言われようとも、「目的はこれだから、じゃあこうすればいい」程度の反応ですみます。慌てふためくということは基本的にないはずです。

二見　計画通りの訓練や同じパターンの訓練に慣れてしまうと、その範疇に入らないことが起きると慌ててしまい、フリーズしてしまいます。

いつものパターンならば流れるように動けるのに、経験をしたことのない状況が目の前に現れると、いつものパターンの枠に無理に当てはめようとして、突然状況に合わない意味不明な

小倉駐屯地内に作られた市街地戦闘訓練場（ＭＯＵＴ）で対抗形式で訓練中の第40普通科連隊の隊員。ここでは空き時間や休日にCQB訓練ができる。

ことをし始めたりします。

目的が明確ならば、その状況に合わせて行動すればいいわけです。

荒谷

そのため、訓練では、「あの丘を占領しろ」とか「正面の敵をやっつけろ」という任務は付与しません。作戦目的だけを示します。具体的に何を為すべきかは自分たちで考えさせます。

作戦がある程度まで進んだところで、状況を大きく変化させ、当初の作戦条件やコンディションを転換させてしまいます。そうなったら、速やかに作戦目的達成のための目標設定をすべて見直さなければならない。この転換を訓練の中に必ずセットするわけです。

意外と誰もが「状況変わったよ、じゃあ目標を変えようか」というように、状況の変化に適応できるようになりました。

このような訓練を行なっているため、通常の組織でよくありがちな「聞いてないよ」「そんなことは計画になかった」と言う隊員は一人もいませんでした。

二見

今のお話を聞いて感じたことは、まず現実をそのまま受け入れ、それに対してどうするかということだと思います。訓練のときも「今あそこには車が止まっているが、なかったことで行動しよう」ということをよく耳にします。シナリオ通りに訓練が進むように、自分たちで不自然な設定を作ってしまうのです。

これでは「コンディション」がどうこうのレベルではなく、発想すらすべて奪ってしまいます。自分たちの都合のよい仮想の場で訓練を進めながら、計画通りに進まないと、さらに仮想を積み上げようとします。「それじゃ訓練にならないから」と言うのですが、「シナリオを作り、それに合った仮想の設定を行なわなければ訓練にならない」という言葉を返されるとあきれてしまいます。

状況が大きく変化しても、目標を達成できる隊員・部隊を育成するという発想がないので、失敗しない訓練ばかりしています。

目的意識を持ち、慌てずブレないことが大事ですね。

荒谷

私は、熊野に引っ越してきて、海岸沿いに住んでいる人に「ここだと津波が来るのではないですか」と聞くと、「ああ来るよ。だから百年に一回は引っ越しだよ」「もうそろそろだな」と返ってきました。この生き方は素晴らしいと思います。

もちろん彼らは津波を経験したことはありませんが、ずっと昔から熊野の海岸地域は百年に一回くらいのペースで大津波がきて、海岸線から数百メートルくらいまで水に浸かっています。そして、その記憶が具体的に語り継がれているのです。ですから海岸線に近い場所に住んでいる人たちの多くは、津波が来たら、これまで津波が来たことがある地帯より標高の高いところへ一目散に逃げて、また新しい家を建てるという感じです。ある意味、コンディションの変化に慌てることなく対応し、その心構えを持って準備しています。

そういうところが、地域の伝統文化を支えるマインドではないかと思います。戦闘者も非常時を当たり前とするマインドを常に持っていないと務まりません。

特戦群の安全管理について聞かれたら、こう答えていました。

「危険だと思われることがあれば、それが危険でなくなるまで訓練する。危険を回避するのではなく、危険なことがなくなる実力をつける。それが特戦群の安全管理です」

自由意志の対抗戦で実力を高める

二見

意識や訓練レベルが高くなると、目標の示し方が難しくなっていきます。

一般部隊の隊員は、一生懸命やっている最中にさらに一つ先の目標を指示されると、「まだ全員がやり終えていないので、できるようになってから次の目標を設定して下さい。みんな休む暇がありません」と反応します。

しかし、みんながができるようになった時点で次の目標を出すということは、先に目標に到達している隊員は、同じことを繰り返すか、待機していなければなりません。訓練の進み方が早い特戦群では「目標の設定」も苦労されたのではないでしょうか？


荒谷　そうですね。組織管理の方法として、所属する隊員のいちばん下のレベルに合わせると、一応全員が達成できる目標を設定することになりがちで、隊員の伸びは期待できません。

そのため「君たちは何をしたいんだ」「何をしたら本当に自分たちが自信を持ってオペレーションできるんだ」と聞きました。射撃にしても、どのレベルの射撃技術があったら、自信を持って「任せて下さい」と言えるのかということですね。それは、規則によって定めるものではなくて、戦いの感覚から導かれるものでなくてはいけません。

オペレーションを成功させるために保持しなければならない戦闘レベルについて、常に直接隊員に問いかけしていましたね。オペレーションを行なうために必要な技量やレベルを隊員自

米国で開催された国際特殊作戦「対テロ」会議で日本代表として講演を行う荒谷１佐。

らに考えさせることが重要だからです。なぜなら、戦うのは彼らであって、規則や基準を作った役人ではないからです。

隊員自らが、自分の必要とする戦力レベルについて考え、出てきたものをチームや自分の目標としました。オペレーションに必要なレベルを自分たちで設定したら、全員がそのレベルに到達するために、チームで考え、工夫し実行していました。

二見　もう一つ重要なものとして、訓練レベル（練度）の判定があります。特戦群では訓練練度の判定はどのようなものだったのでしょうか？

荒谷　陸幕から特戦群の検閲（部隊の訓練練度を評価するために行なう試験という位置づけの訓練）をしたいという意向がありましたが、私はずっとキャンセルし続けました。それは、特殊作戦という性格上、何かができたら、これで練度が十分だと言われても困るからです。

目標の設定でもお話ししましたが、特戦群は軍事以外の要素も含んだオペレーションを成功させることが求められています。一般の部隊のように、訓練練度の目標を示し、どこまでできれば合格という評価のやり方は特戦群には適していません。どこまでやったらいいかというのは、具体的なオペレーションが発生したときに、はじめて具体化されるものであって、数値目標で基準を示すような訓練要領では管理できないのです。

二見　どのようにして評価するのでしょうか？

荒谷　はい。対抗戦を行ない、その結果で評価します。演習（訓練）はすべて対抗戦方式で実施しました。しかも、相互に自由意志で戦わせました。

たとえば、テロリスト側になれば、テロリストならどうするか真剣に考えることで、彼らの思考と行動が身につきます。このやり方は敵の見積りをする場合にとても有効です。

対抗戦ですから、当然、相手が強ければ、それ以上に自分たちのレベルを上げなければ勝てません。やられたら、相手よりも訓練練度が不十分であるということになります。

戦いですから、自分勝手に練度を設定しても意味がありません。相手はどれくらいのレベルか、どのようにしたら勝てるかを常に考えて訓練します。結果は予想できません。戦ってみないと評価のしようがないのです。

だから、自由意志での実戦的対抗演習方式の訓練で実力を上げ、具体的なオペレーション、たとえばイラク派遣が発生したときに、予想しうるあらゆるシナリオの対抗演習を実施して、ここまでできるようにしておかないと、オペレーターとしては不十分である、というように評価判定をしました。

二見　自由意志で対抗戦をやることで、互いに考え抜き、成長していくなかで、新しい気づきがたくさんあるでしょうね。同時に多くの引き出しが増えていく。陸上自衛隊の練度判定は、決まったルールと枠に押し込めてしまっている感じがします。

実戦形式の訓練

荒谷　私は長いこと武道を続けていますが、これができたらいい、これができたから満足だと思ったことは一度もありません。やればやるほど課題が見つかり、もっともっと上に行かないと駄目だという意識があるので、この歳になっても稽古が続けられるのだと思います。ですから、部隊の練度についてもこれで十分という意識はありません。

二見　到達目標ではなく、最低できなければならないことを設定し、上限はいくらでも伸ばすという考えを持てば部隊は強くなりますね。

陸上自衛隊には、北富士演習場にＦＴＣ（富士トレーニング・センター：戦車や特科部隊を増強した中隊規模の部隊が、バトラーという交戦訓練装置を使用して対抗方式で訓練できる）があります。

ＦＴＣには全国から対抗戦の訓練にやってくる部隊を相手にする仮設敵専門部隊（評価支援

MOUT（市街地戦闘訓練場）で戦車と協同して建物内の掃討訓練を行なう第40普通科連隊の隊員。

隊）がいます。そこで訓練した部隊のほとんどがＦＴＣの評価支援隊に壊滅状態にされるなど、全国の普通科部隊は散々な目に遭っています。なぜ負けるのか、それは自由意志に近い状態での対抗戦だからです。

各方面隊にバトラーという交戦訓練装置が整備され、実戦に近い訓練ができるようになり、方面隊どうしで対抗戦ができる環境が整ってきました。

評価支援隊と対戦するＦＴＣの訓練をどう思われますか？

荒谷　私はＦＴＣ訓練を実際に部隊として体験したことがないので、聞いた話しかわかりません。これに関しては、無責任な意見になってしまわないように注意が必要であると考えています。

ただ、統裁方式（訓練をあらかじめ作成したシナリオ通りに統制を加えながら進めていく方式）の演習に慣れてしまった自衛隊に、対抗方式の場があるということは、大変いいことだと思います。

ですが、固定化された対抗方式、つまり毎回同じようなかたちで訓練が行なわれると、スポーツ格闘のように、ルールを分析し、そのルールを克服する手法を考えるようになる。そうなると実戦の強さではなく、ゲーム上の強さになってしまう恐れがあります。仮にそのような対抗方式の訓練だとすれば、実戦的な訓練であるかどうか怪しくなってくると思います。

二見　対抗方式の戦闘は、部隊を強くしていくために必要な訓練内容が凝縮しています。対抗戦が当たり前になると、統裁方式の訓練はシナリオ通りに劇を演じているように感じてしまいます。

荒谷　対抗演習の場は絶対必要ですが、対抗戦のあり方は毎回違うかたちにしていかないといけないと思います。ＦＴＣに専属の対抗部隊がいるというのは、北富士演習場を非常に熟知しているわけで、「ここでしか防御できない、ここからなら攻撃できる」という感じで訓練部隊をやっつけていると思います。できればまったく初めての部隊がお互いにぶつかり合うほうが、もっとよくなる気はします。

二見　より実戦に近づくということですね。常に進化を続けるには、対抗戦の相手をより強い部隊にするか、まったく異なる戦い方を行なう部隊にすることが重要ですね。

荒谷　両者がまったく新たな状況下で、自由意志で戦うスタイルができるのであれば、そちらのほうがいいかもしれませんね。

使う側が主導できる装備開発へ

二見　自衛隊では各国の兵器ショー（兵器の見本市）に限られた者しか行けなかったので、得られる情報は限定的でした。収集した情報や成果も報告程度にしか使用されておらず、十分に活かされているとは言えませんでした。

システム兵器に関しては、装備の近代化として継続的に情報収集していましたが、小銃や付属するスコープ、サプレッサー（消音器）、ボディアーマー（防弾ベスト）などの歩兵の装備、個人装備、ドローンを含む情報収集機材については、兵器ショーの成果が活かされていませんでした。

個人装備は進化する部分が少ないという理由だと思われますが、実際は弾薬を含め、実戦を繰り返しながら進化しています。

しかし、陸上自衛隊では、個人装備の火器に精通するメンバーが派遣されず、誘導兵器やシステム兵器などの装備を取り扱う部署や補給関係の担当者が兵器ショーに行くため、そうした個人装備の火器に関する情報収集や分析がおざなりにされているからだ思います。

豊富な射撃経験、銃・弾薬・個人装備に関する知識を持っている隊員でないとわからないからです。このような隊員であれば、性能は高いが、使い勝手が悪い、メンテナンスに問題があるなどがわかります。

特戦群の現役隊員や特戦群を経験して研究機関にいる元隊員が兵器ショーに行くべきだと思

います。

荒谷　私も特戦群の創設に関わるようになって、アメリカなどの兵器ショーに行きましたが、絶対に見るべきですね。それも、実際に武器を使う側の人間が行くべきですね。

日本の装備開発で最大の問題は、使う側のニーズに準じて装備開発するのではなく、装備開発の担当部署が行政的な思惑の中で装備開発をリードしてモノ作りをしていることです。

部隊は「与えられた物を使え」みたいな感覚ですから、ユーザーの意見が必ずしも出てこない。ともすると世界の兵器の動向がどうなっているかを知らない装備メーカーが兵器を作っているんです。ここが日本の装備行政の問題点です。

二見　武装ヘリ、対空ミサイルや戦車、対戦車火器は、当時はソ連軍の装備の状況を分析した内容が紹介されていたため、その分野についての彼我の性能の差に関する知識を持っていました。

しかし、小銃、機関銃、拳銃などの個人装備火器は、与えられた装備が世界標準のレベルにあると疑いもなく使っている時代が長く続いていましたね。この分野は、これ以上進化しないと考えられていたので情報を収集することもほとんどありませんでした。

アメリカで近接戦闘射撃のプライベート・トレーニングを受ける荒谷氏（左端）。

荒谷　特戦群の装備品導入に際して「日本の個人装備火器は全然役に立たないから海外のものを装備化してもらいたい」と要望すると、「いやいや国産で揃えてもらわないといかん」と言う。「じゃあ、そのメーカーの人を呼んで話をしましょう」となって、「いま世界の軍隊ではこういうウエポンを使っていますよ」と言っても、メーカーの担当者は「それは何ですか?」と全然わからないんです。当時、アメリカ軍が採用しているM4カービンでさえ聞いたことも見たこともないという感じでした。

二見　アメリカのガンインストラクターから最新の銃関係の話を聞いたとき、自分たちはこの分野は浦島太郎状態というか、ガラパゴス化していることを痛感しました。当時、M4カービンの話を聞いて、実際に射撃して確かめたい、すぐに導入してもらいたいと思いました。これは自衛隊には個人装備の「目利き」がいないということであり、運用サイドから意見を言える人材を育てなければならないと思いました。

荒谷　世界の兵器水準がどうなっているか、自衛隊の装備品を作っている人でさえも何もわからないという恐ろしい現実があったんです。憲法で戦争を放棄するというのは、まさにこういうことかとつくづく感じました。

このままではますます武器後進国になってしまいます。一見、先進的な兵器を持っているように見えますが、実態は非常に遅れていました。

そこで、世界の武器の水準はどのようになっているか、現場の隊員たちが勉強して、この武器があれば、自分たちは自信をもって作戦ができるというレベルまでもっていきました。

自衛隊の場合、海外などの任務についた部隊のニーズを研究開発に活かす仕組み作りが必要ですね。

唯一無二の精強部隊――特殊作戦群

（荒谷 卓）

なぜ特殊作戦群をつくったか？

警察予備隊創設以来、日本の防衛は、戦後憲法と政治的枠組みの中で虚構と詭弁にもてあそばれてきた。防衛そのものを否定する革新勢力と、アメリカの軍事力に依存し形ばかりの防衛でよいとする保守勢力のあいだで、真に国を愛し、国のために戦うことを厭わない武人は、自衛隊の中でさえ、その志を実践する場がなかった。彼らは自衛隊の中で孤立し、本心を語らなくなるか、部隊を辞めるしかなくなる。

それではいけない。祖国を愛する武人が全身全霊で力を発揮できる居場所をつくろう。その思いが「特殊作戦群」につながったのである。

さらに欧米が主導するグローバリズムの時代にあって、軍事作戦の目的は彼らの価値観を押しつけ、「市場拡大のための政府転覆作戦」あるいは「市場からの離脱を阻止する政府支援作戦」が主流となった。つまり、非通常作戦（アンコンベンショナル・ウォー）である。

このような弱肉強食の国際情勢にあって、真に日本を守れるのは、特殊作戦を遂行できる特殊部隊しかいないという結論に至った。その信念で創設したのが特殊作戦群である。

特殊部隊と一般部隊の違い

新編された特殊作戦群（特戦群）が習志野に駐屯することが決まった時、空挺団は自分たちこそ最強の部隊であるという自負からさまざまな圧力をかけてきた。精鋭無比を任ずる空挺団にとって、その上のエリート部隊である特戦群の存在は気に入らなかったのだろう。

ただそれは特殊作戦がどういうものかを理解していないことが原因だった。特殊作戦は特殊部隊にしか運用できない。空挺団を含む一般部隊と特戦群の任務は根本的に違う。だから彼らが特戦群をライバル視する必要はなかったのである。

一般部隊に求められるのは量的戦力である。たとえば市街地戦闘（MOUT）において、都市の一角やビル全体を占領するのが一般部隊の任務である。一方、立てこもった敵から人質を救出したり、大部隊を展開できない場所にある敵中枢の破壊や要人暗殺などは特殊部隊しかできない。

一方、特殊部隊に求められるのは質的戦力である。もし同じ規模の一般部隊と特殊部隊が近接戦闘（CQB）を行なえば、勝負は一瞬でつく。もちろん特殊部隊の圧勝である。量的戦力を期待されている一般部隊は、全体の戦力を斉一に発揮するため、決められた戦術とフォーメーションで戦う。特殊部隊の戦い方はまったく自由である。自分たちがその状況で必ず勝利する戦い方を戦略レベルで開発する。習った通りのフォーメーションで階段をノコノコ上がってきたら、上から家具を落として灯油を浴びせ、フラッシュバンを投げ込む。部屋の中でバリケードを組んで待ち伏せしていたら壁や床ごとブリーチングで破壊して銃撃する。それほど両者の質的戦力は違うのである。

特戦群の目標は、世界でいちばん強い部隊になることだ。なぜ圧倒的な強さを求めるのか。それは二度と日本と戦いたくないという強烈なイメージを相手に植えつけるためである。今まで経験したことのない恐怖の中で敵を圧倒する。「日本に手を出すな！」という警告である。

もし生きて帰すとすれば、それは日本の武人の戦い方の見事さを敵に知らしめるためだ。そのために特戦群は強さを追求する。

特戦群のオペレーターは、単に戦略にたけているとか、技術的に高く体力があるとかいうレベルではない。われわれ日本人の祖先が築いてくれた世界最強の「武の国」の伝統文化を体現し、生死を超越した戦いができることこそ特戦群が最強部隊たるゆえんなのだ。

その実力を養成するために、一般部隊の隊員が1年かけて撃つ弾数を1日で撃ち尽くす。それを毎日実戦さながらに繰り返す。一般部隊の何倍もの時間をかけて戦闘術を開発し、寝ても起きても自分の持てるすべての時間と努力を傾注して、あらゆる作戦を遂行できるまで能力を高める。もちろん武器も装備もすべて一般部隊とは異なる。特戦群は日本で唯一無二の部隊なのだ。

特殊作戦群長の覚悟

10年がかりでようやく実現させた特戦群。その初代群長を自ら引き受けるにあたり、私は2年かけて覚悟を固めていった。まず群長である私がいちばん日本を愛していること。特殊作戦について誰よりも深く理解していること。そして、自分がいちばんの特殊作戦戦士であること。この三つが特戦群の指揮官としての絶対条件である。

一つ目については、絶対の自信があった。二つ目と三つ目は、新たに身につけなくてはならない課題だった。そこで、アメリカ陸軍特殊部隊グリーンベレーに単身留学した。41歳のときである。さらにイギリス陸軍特殊部隊SASやドイツ陸軍特殊部隊KSKなど、世界トップクラスの特殊部隊と積極的に交流し、人脈を広げ、知識を深めた。特殊作戦に関する理解やテクニックを身につけるため、武道で培った戦いの理合い（りあい）や感覚は大いに役に立った。自分より年下ばかりの隊員の中にあって、ほかの誰よりも早く吸収できたと自負している。

群長になるにあたり、もう一つ自分で決めたことがある。それは群長を最後に自衛隊を辞めるということだ。その覚悟がないと、責任逃ればかりの防衛官僚と戦って特殊作戦部隊をつくることなど絶対にできない。一般部隊と同じ訓練基準や管理規則に縛られていたら特殊部隊はできない。「規則以外のことはやるな」という陸幕の指導に対し、私の腹心の部下であった当時の3科長（作戦運用担当）の黒澤晃（元1佐。2013年バイクにはねられ不慮の事故死）は「おまえバカか！特殊作戦も知らないくせに余計なことを言うな！」という電話の応答が常だった。そこまでやらないと特殊部隊はできないのだ。

鍬のひと振りが日本を守る

敗戦とともに国家の理念までも放棄した戦後日本は、敵が攻めてきたら白旗を上げれば命は助かるという浮世離れした左翼と、アメリカという虎の威を借りれば戦争を避けられるという能天気な保守が跋扈（ばっこ）する。

そうはいってもわれわれには守らなくてはならない日本がある。それは、日本国憲法下の日本ではなく、西欧近代化にどっぷりつかった明治の日本でもない。守るべきは神武建国において高らかに宣言された「八紘為宇（はっこういちう）」、すなわち天下万民が一つの家族として共に生きることを誓った大和の国である。共生共助の文化を築いてきた日本である。

私が主宰する「熊野飛鳥むすびの里」には、同じ志をもつ武人たちが全国各地からやって来る。彼ら彼女らは、日本を愛し、日本を守り、日本のために尽くすことを誇りに思っている。

いま私は、真に自由な立場で日本の防衛に邁進している。それは、日々日本人として生きることだ。日本の伝統文化を継承して生きることだ。休耕田を復活させ、荒れ地を農地にする。日本が危機に瀕したら、人に頼まず自ら立ち上がる。

「むすびの里」を開拓し、自然と人間の住みわけをしっかりして共存共栄の仕組みをつくる。人の手が入ることで日本の原風景が守られる。

志は高く、ここ「熊野飛鳥むすびの里」から日本を再興し、世界を正す。その思いを込めて日々、鍬で土を耕す。その鍬のひと振りが世界を変える特殊作戦だと信じている。

第6章　戦える自衛隊を目指す

いちばん敵にしたくない部隊は？

二見　訓練の話に続いて、ここでリアルな戦い、つまり実戦について話を進めたいと思います。まず、相手にしたら手強いと思う部隊はどのようなものでしょうか？

荒谷　それは、ミッションに対する執着心が強烈に強い部隊だと思います。

二見　やはりそこに集約されますね。

荒谷　絶対にミッションをやりとげるという強烈な意識ですね、粘り強いタフな部隊です。

二見　粘り強い敵は嫌ですね。では、荒谷さんが考える最高の兵士像はどのようなものでしょう？

荒谷　自己完結できる兵士です。近代的な軍隊とは、突き詰めれば、業務分担というか機能分割されていて、「お前はこれだけやればいい、できればいい」という感じです。

特殊部隊の場合、最後は一人で全部やれということです。もともと少人数ですから、一人損耗するだけで、大きな影響が出るのですが、それを通常部隊のように機能分割していたら、一人いなくなるだけですべて終わりの状態になってしまいます。最後に残ったのが、たとえ3曹一人であっても、オペレーションを完結できなければならないのです。

実戦をどう捉えるか？

二見 言われるように、一般部隊と特殊部隊では考え方が大きく違います。荒谷さんは実戦をどのように捉えていますか？

荒谷 通常、軍隊の実戦のイメージは、銃をバンバン撃ち合い、弾が飛び交うなか土煙りが上がり、血が流れてみたいなものだと思います。特殊作戦の場合、戦いを自分たちがコントロール（管理）下に置いている状態になります。なぜなら、戦場を自分たちが管理できていなければ特殊作戦はできないからです。特殊部隊は、戦場のプレイヤーではなく、戦場のルール・メーカーでなくてはならないのです。

順番として、最後にどのようなかたちにするかという「エンドステート」を確立します。その「エンドステート」に対して現状はどのようになっているかを分析します。

それから、現状をどのようにして「エンドステート」にまで持って行くかのプロセスを案出します。当然、複数のプロセスが考えられますので、徹底的にそれらを検討し、その中から一つのプロセスを選定します。

前にも言いましたが、特殊作戦の「エンドステート」は、政治目的に合致したものでなければならないので、何をやってもいいということではありません。

二見

自分たちがコントロール下に置いているなかで作戦を遂行するという話は、ネイティブアメリカンの戦闘技術を教えるスカウトインストラクターの言葉と重なります（拙著『自衛隊最強の部隊へ—偵察・潜入・サバイバル編』参照）。危険な場所とは自分たちがコントロール下に置いていない場所であり、そこでの行動は困難をともなうということですね。

「エンドステート」という考え方は、戦略レベルや国家が戦争を行なう際に、どこまで持って行ったら終戦に持ち込むか、開戦前に綿密にその内容を詰めることです。「エンドステート」という言葉からも、特殊作戦の最終判断は国家のトップが行なうことがわかります。

荒谷

さらに付け加えると、特殊作戦では、敵も味方もあまり損耗を出しすぎると、いろいろと遺恨（いこん）が残ってしまうため避けなければなりません。つまり「後腐れ（あとくされ）」がないよう、できる限り敵にも不要なダメージがなく、最終的にはこちらの思った通りになるのが、いちばんスマートなオペレーションです。
そのため、一般的に考えているような戦闘のイメージというよりも、どちらかというと一つの物語を完成させるようなイメージです。

二見 物語を完成させる……ですか。興味深い話ですね。

荒谷 ヒューミント（人的情報）から始まり、交渉し、資源を調達し、実行し、落としどころを見つける……そのすべてが実戦なのです。
特殊部隊の戦力は数量的には少ないので、もし数的に大きい戦力が必要な作戦をするときは、自分たちでその戦力を作らなければなりません。それは何かというと、必要な数の人間を組織化し、訓練して戦力化することです。
そのための教育訓練能力も特殊部隊の兵士には必要不可欠になります。

二見 それらすべてを含めたものが、特殊部隊にとっての実戦なんですね。幅広いですね。

小倉駐屯地内の勤務隊舎を使用したCQB訓練。下から上への攻撃は高い戦闘技術と集中力が必要となる。

オペレーションのストーリーを考え、ストーリーに問題がないかチェックする。どこかに穴があったらそこが弱いところなので修正していく。そのようなプロセスを経て計画を作成するわけですね。このプロセスは、すべての部隊が同じようにやるべきですね。

荒谷 一般部隊の作戦でも、見積り段階で、実行の可能性のあるオプションを三つとか四つあげます。それぞれ分析して最終的にこれだと決定し、その一つの計画だけを作ります。普通はこんなやり方だと思います。

しかし、特殊作戦の場合、四つ可能

性があるとすれば、A案、B案、C案、D案のプランを作成します。

もしA案が状況に適応しなくなればB案、C案、D案に変更します。状況に応じて、いちばんシフトしやすい案、たとえば「じゃあ、今からC案に切り替えよう」ということになります。

一つの計画だけで行動すると、状況を見ずに計画を実行することに専念してしまいます。これでは、多くの犠牲を出したり、任務が達成できません。また、代替案がないと、実行中の計画が駄目になったときに、慌てて作り直す羽目になりますし、時間を浪費します。

常に失敗のリスクがあるので、必ず別のプロセスで「エンドステート」に到達できるサブプランを用意し、携帯電話の乗り換えみたいにパッと切り換えていきます。

二見 口で言うのは簡単ですが、すごいですね。

政治と特殊作戦の関係

二見　一般部隊も含めて軍隊は、複雑な状況の中でミッションをやり抜かなければなりませんが、特戦群の任務の出し方は、一般部隊のように「A高地を占領せよ」というものとは違うと思います。どのようなかたちで任務を示すのでしょうか？

荒谷　これは日本の現状ではちょっと難しい質問ですね。先ほど言ったように国家として十分なシステムがないので何とも言えません。

たとえば、イギリスなどでは、国家の最高会議に軍人も出席できますので、首相と関係省庁の最高責任者たちと綿密に打ち合わせができます。最高責任者である政治の長が、最終的にどのようなエンドステートを期待しているかを直接確認できます。

それに基づいて、特殊部隊の指揮官は、それを具現するために必要な具体的事項について、首相に直接確認をします。

一般の人にわかりやすい例は、人質救出でしょうか。

人質救出作戦は、どちらかといえばダイレクトアクションになりますが、それでも政治的な影響はいろいろ出てきます。たとえば、中東のどこかでテロリストに拉致された邦人を救出したいという漠然としたリクエストが政府からきたとします。それに対してオペレーションを行なうには、救出対象者が3人とすれば、全員を無傷で救出したいのか？　それとも、死なななければケガは許容できるのか？　テロリストおよび周辺に所在する人々を殺傷していいのか？　現場に邦人以外の人質がいたら一緒に救出するのか……等々、細かいところまで詰めていきます。

二見　オペレーションを行なうには、相当な覚悟と詰めが必要です。要求が多くなると、それだけ難しいオペレーションになるため、動きやすい枠組みが必要になるでしょうね。

荒谷　はい。このようなやり取りを通して、命令する側も受ける側も、救出作戦を実行すれば最終的にどういう状況になるのかというイメージを具体化できます。そして、最終的なエンドステートは「3人の邦人人質は生存状態でA国の○○空港にスタンバイしている輸送機に搭乗させる。テロリストおよび現場にいる人々は任務遂行上、必要な場合は殺傷してよい。他国の人質を確認できたならば生存状態で輸送できる者に限り救出。救出部隊の犠牲はいとわない」「輸送機および到着する○○空港には医療体制を整えておくから、人質の3人は、とにかく死なないようにだけしてくれ」というようになるでしょう。

二見 国のトップと特殊作戦を行なう部隊との責任区分が極めて重要になりますね。

荒谷 はい。エンドステートによって生じる政治的リスクは、すべて命じる側の政治責任となり、エンドステートが達成されなければ、作戦を実行した部隊側の責任となることが明瞭にわかります。

こうして、命じる側と実行する側がエンドステートを共有し、政治の役割と軍事の役割を明確にするわけです。

人質が撃たれたときに「こんな危険を冒すのは本当に政治的に正しかったのか」と、メディアに詰め寄られても、政府が「いや、それは計画の範囲内でした」と言い切ってもらわないと困るわけです。そのあたりのことを事前に具体化していくことが必要です。政治と特殊作戦の関係は、このような図式になります。

二見　たいへん具体的な話で、特殊部隊と政府の関係がよくわかりました。次に自衛隊に望むことについてお話をお聞かせください。

陣地攻撃・陣地防御だけでは戦えない

二見　今の陸上自衛隊が実戦で有効に戦えるようになるには、何をクリアすればいいと思いますか？　すぐに一つのパターンに押し込めてそれをずっとやり続けてしまい、進化していないという問題点があると思います。

荒谷　イラク派遣が検討されているときに陸幕にいたのですが、陸上自衛隊の部隊を派遣するかどうかの政治的決断が迫っているとき、陸上自衛隊内で、どのような現象が起きていたかというと、イラク派遣より教育訓練を優先するのが当然であるという認識を方面総監や師団長クラスが持っていたのです。「検閲があるので海外派遣なんかに部隊は出せません」といった感じです。

自衛官はあくまでミッションのために存在しているんだということを、全隊員、特に指揮官自身が認識していなければならないはずです。

しかし、陸上自衛隊では、計画した隊務運営計画をすべてこなすことを最大の使命としている空気があるのです。

二見

イラク派遣の時期を境に陸上自衛隊にも変化が現れたように思います。

オペレーションを中心とした現実的な事態に対応しなければならないという考え方と、国土防衛のために必要な陣地攻撃と陣地防御の訓練、いわゆる高強度紛争対処能力の保持に努めなければならないという考え方の二つの兼ね合いをどうするかという議論が盛んに行なわれました。

なにしろ、それまでは陸上自衛隊の「隊務運営計画」（業務計画）の基本は練成訓練であると捉えていたので、先ほど言われた「検閲優先」がまかり通っていたのですね。

荒谷

最近では、災害派遣に自衛隊が使われる機会が非常に多くなりましたが、教育訓練のスケジュールだけは延期してもやめようとしません。年間の計画したスケジュールをこなすことよりも、ミッションを確実にこなすことが重要です。

今後も災害派遣や海外派遣に自衛隊が出動する機会は増えると思われます。もうそろそろミッションを優先することが当たり前にならなければなりません。訓練はミッションを通じてやればいいわけです。隊務運営計画の中に、ことさら時代錯誤のような陣地防御や陣地攻撃の訓練を必須としていること自体、意味はないと思います。

二見

その通りです。災害派遣活動に出動する機会が増え、期間も長くなり、人命救助だけでは撤収できなくなっている現状があります。当然、年間を通じ部隊が実施することを規定している「隊務運営計画」で計画された訓練や競技会、行事ができなくなります。

それでも、部隊は可能な限り計画通りに実施しようとする結果、非常に業務の詰まった多忙な状態になります。そのような状態が続くと、どうしても、部隊管理という側面が強くなり、訓練や競技会、行事を次々にこなすだけで、本当に部隊・隊員の練成に結びついているか疑わしい状態になります。

荒谷　それぞれの部隊長は世の中の情勢を見て分析して、それに資する訓練を日ごろからしておくことが重要となります。絵空事ではなく明日起きてもおかしくない事態に常に対応できるような準備をしていることが実戦の準備であるわけです。そうすることによって、はじめて本当の意味での実用に供する武力集団としての心構えと態勢が確立されると思います。

二見　そういう時期にきているのですが、代替性がない「高強度紛争（国家総力戦、陸・海・空戦力を総動員して行なう戦闘）のレベルの攻撃と防御だけやっておけばあとは何とかなる」という考え方をしているわけです。

攻撃と防御さえやっていれば何とか対応できるという時代や情勢は変わってきていて、切り替える時期にきているのではないかと思いますね。

荒谷　現代の軍事作戦の主流は「安定化」と「支援」です。これは、従来の陣地攻撃や陣地防御とはオペレーションと性質が違いますので、陣地の攻防訓練をやっていたのでは、現代の軍事作戦に対処できないですね。

二見　これまでやってきた陣地攻撃や陣地防御の訓練をしないと、特科部隊（砲兵）や迫撃砲の火力発揮をする訓練の機会がなくなると考えるからでしょうね。それではいつまでたっても従来型の訓練から抜け出せません。現実的なオペレーションへの対処やハイブリッド型の戦いに対応した訓練が必要です。

荒谷　自衛隊の頭の固い人たちは、陣地攻撃と陣地防御をしていればすべてに対応できるといっていますが、私は逆に、現実的なオペレーションに対処する訓練を準備しておいたほうがあらゆるものに対して応用が利くと思います。

常識的に物事を考えられる隊員なら、「陣地防御や陣地攻撃なんて意味がない」「予想する範囲内で起こり得ない」と思っているはずです。

医療活動の国際支援活動に出ただけで、精神障害を起こす隊員がいっぱい出ている現状があります。現実的なオペレーションを想定できないまま任務につくので、みなストレスにより病気になってしまうわけです。

ですから、陣地攻撃や陣地防御のような高強度紛争の訓練さえ行なっていればいいんだということでは決してないと思います。

二見　陣地攻撃や陣地防御はワンパターン化し、楽なほうへ楽なほうへと進んでしまい、本来のいちばん厳しい状況から外れてきてしまっている気がします。

陣地攻撃や陣地防御は現実的ではないからです。より現実的なオペレーションができれば、隊員も真剣に取り組みます。それをやりながら心を作り、技術を高めていけば、対応ができるのではないかと思いますね。

荒谷　射撃技術をとっても、大規模な戦闘ではとりあえず目の前にいる違う制服を着た奴らを片っ端からみんな殺しちゃうわけです。しかし、現代では、軍事作戦の状態となっている平和構築活動のような任務で遂行するオペレーションは、隊員一人ひとりが撃っていいか、撃ったらいけないかをジャッジ（判断）しなければなりません。

撃つとしても、威嚇射撃か危害射撃かを判断して撃たなければならないわけです。平和構築活動のほうがよりジャッジの正確性、高い射撃レベルを要求されるのです。

二見　これからの戦争やオペレーションは、メディアの監視を含め、さまざまな制限・制約を受けながら、しかも高い戦闘技術が必要とされますね。

荒谷　そう考えると、高強度紛争対応の訓練射撃は、目をつぶって撃ってもいいような射撃であるのに対し、平和構築活動では、非常にセンシティブな射撃技術の訓練をせざるを得ないことになります。この一点をとっただけでもまったく違いますし、むしろ作戦に求められる隊員の質は、低強度紛争のほうが高いわけです。

現状に合ったリアリティーのある状況下での訓練が必要です。実際のオペレーションに応用できる訓練こそ、隊員たちが本当にやる気の出る、心の入った訓練になるはずですし、レベルの高い技術を修得できると思います。

二見　そういう実戦的な訓練ができると、切り替えも早くなるので、対応能力も高くなっていきますね。攻撃・防御だけで何でもできると思っていては時代に取り残されます。やはりここは改善していかなければならないですね。

第7章　熊野飛鳥むすびの里

「探していた場所はここだ！」

二見

現在、武道を学ぶ日本人が減少しているように思います。すぐに勝ち負けの結果が出るもの、成果に結びつくボクシングや格闘技などは人気があります。

一方で、「心を練る」「技を極める」武道は、成果に結びつくものではなく、稽古を続けていくことによって開眼（かいがん）するなど、時間がかかるので敬遠される傾向があります。

だんだん欧米的な考え方が強くなってきているのではないかなと思います。今の武道を取り巻く環境についてどう思われていますか？

荒谷　世の中全体がすぐに成果を目指す仕組みになってしまって、会社の運営にしても、今日明日の利益を優先する傾向が強くなった気がします。将来展望は二の次という感じで、それが日本中にまん延しているのかと思います。

つまり長期ビジョンを国民も、会社も持ち得ない。政府にしても取りあえず今年の経済成長率を何パーセントにするかで精いっぱいな状況です。

このような社会環境は、一人ひとりの生き方まで影響しています。「今さえよければいい」「今を目いっぱい楽しもう」というように、自分の人生設計をどう考えるかという発想がない人が結構多いんじゃないかと思います。

今だけを追求していると、時間が経過していくうちに、社会が変化し、資源が枯渇していくなど、人類に関わるすべてが急速に減衰してしまい、持続性というものが失われます。

二見　生活が便利になり、欲しいものが早く手に入るようになることと引き換えに、心の豊かさを失ってしまう。すぐに結果を求める殺伐とした日常になっている気がします。荒谷さんは、平成30（2018）年に開設された「熊野飛鳥むすびの里」で、伝統的な日本人の生活を実践されているわけですが、荒谷さんの活動の大きな柱である「武道」は日本人にとってどのようなものでしょうか？

荒谷　日本人は昔から「道」という文字を使ってきました。それは、武道でも華道でも茶道でも、何かを通じて自分の人生を磨くことを心がけていたからだと思います。

たとえば、私のように「武」ということに関して、自分がどのように向かい合っていくかを探求している立場で言うと、「とりあえず勝てばいい」「誰それより強くなりたい」というのではなく、「武」を通じて、自分は社会にどんな貢献ができるか、そのためには自分をどう成長させるかという「生き方」に転換できる仕組みを考えるべきだと思っています。

そうじゃないと戦闘も殺伐として、決していい結果を生まないと思います。

武道とは、自立し、自分の生き方を考えながら「道」を鍛錬していくものです。自分の生き方としての「道」を探求する姿勢は、今の時代だからこそ、とても意味があるものだと思います。

「むすびの里師霊（ふつのみたま）道場」において荒谷流武道の剣術を指導する。

二見　そのようなお考えがあって、荒谷さんは「むすびの里」を開設されたわけですね。開設の目的、なぜ熊野という地を選んだかについてお聞かせ下さい。

荒谷　私は、大学生の頃から国を守りたいという意識が強くなって自衛隊に入隊しました。最初、国防というと、主権、領土、国民を守ることと習いました。しかし、よく考えてみると主権、領土、国民というのは近代にヨーロッパで発明された概念であり、植民地支配行為を正当化する極めて政治的かつ抽象的な概念です。

国民とは、日本文化を共有する日本人ではなくて日本国籍があればいいわけです。文化的共同体ではなく、社会契約上の集団が国民です。そうなると、外国人が多数、日本国籍を取得して、自分たちの主権と領土を主張したとき、私たちが考えている歴史と伝統ある日本を守れるかというと、それは不可能です。現に戦後、アメリカ主導の民主主義化によって、現在の日本は、日本本来の歴史と伝統を有する日本とは別の方向に進んでしまっているように思います。

日本を守るという本当の意味は、日本の歴史と伝統を持つ日本人そのものの保全であり、領土も歴史と伝統の根づいている土地であって、抽象的概念ではありません。

そうであれば、自分自身が歴史と伝統を守る日本人として生きていくため、日本文化に根差した土地を作り、そこで過去と未来をつなげていくことが、本当の意味で日本を守るということではないかと考えるようになりました。

二見

昔から土地を守ってきた、いわゆる地主と呼ばれる人たちは、その土地は「いま預かっているだけ」で、次の世代へ申し送るものだと考えていました。これは当たり前のことで、一見簡単そうにみえますが、今は土地を守り続けることが難しくなっていると思います。

荒谷
その通りです。私は大学卒業後、自衛官になり、退官後は武道の指導に専念してきたので、生産というものに従事していませんでした。自衛官時代も、武道を指導していたときも、「イザというときの対処」について懸命に考え、準備してきましたが、生産活動にまったく貢献してこなかったことを反省しています。
日本の未来を築くためには生産活動に従事することが必要であり、しかも、お金を稼ぐための生産ではなく、人々と自然が成長するための生産に従事することで、自分自身が日本の伝統文化そのものの人間、つまり最初に言ったように「百姓侍」になろうと考えたのです。

二見
最近、里山を管理する人が少なくなって、山が荒れているところが多くなっています。生態系を維持している里山が荒れることでさまざまな悪影響が出てきています。

荒谷
そのためには日本の伝統文化を継承する土地を作ろう。そして日本の伝統文化そのものをしっかりと守ることのできるコミュニティーや仲間作りをしていきたいと思い、「むすびの里」の活動を始めました。

「むすびの里」の裏山にある磐座（いわくら）。巨岩の合間からキハダ（黄檗）の大木がそびえている。

二見　さきほど「むすびの里」の周囲を見学させていただきましたが、四本杉を御神体とする飛鳥神社や、ここ「むすびの里」には石を貫いた大きな木があり、不思議な力を感じます。まさにパワースポットですね。

荒谷　言葉では説明しにくいのですが、初めてこの地を訪れたときに「探していた場所はここだ！」とひらめいたからです。直感で決めました。ここに移り住んで森を切り開いていたら、いま言われた大きな岩にキハダ（黄蘗）が一本、ググっとそびえているのを発見したんです。感動しましたね。ここでは日々新しい発見があり、「ここの神さまに導かれて来た」という思いです。神がかっていると思うかもしれませんが、これが本当の理由です。

武道を通じて日本の文化を世界に伝えたい

二見　昨日、武道の稽古を拝見しました。稽古中にお話しされている内容がとても素晴らしいと感じました。

荒谷　日本の伝統文化や武道の精神に関する考えをどのように人に伝えようかずっと考えてきました。自衛官時代は、直接接する部下に考えを伝えることできましたが、自衛隊以外の人はもちろん、自衛隊の内部でさえ、そうした考えを情報発信するには難しい環境でした。

天皇、神道、武道はもとより、帝国陸軍に対する敬意を表すことでさえ危険思想の自衛官として、調査隊（現在の情報保全隊）がマークするわけですから。

二見

自衛隊の枠から飛び出している人をマークするのは当然といえるかもしれませんが、時代が変化していくなか、どのような人物・行動が自衛隊に脅威を及ぼすか見直す時期が来ていると思います。反自衛隊勢力対象から許容する範囲をどのように広げていくかを進めていかなければ、いつまでも伝えやすいところに伝えている状態から抜け出すことはできないと思います。

荒谷

自衛隊退職後は、明治神宮で武道場「至誠館」の館長をしている間、本を書いたり、雑誌に寄稿したり、メディアを通じて人に伝えることをしました。

確かにメディアを使うと、私の考え自体は広がっていく実感はありましたが、その考えに基づいて一緒に何かやろうかと声をかけたときに、講演会や動画・活字を媒体とするメディアを通じて関心を持ってくれた人々は、なかなかそこまで一緒に行動するかといったら、そういうわけではありませんでした。

もちろん、それはそれでいいのですが、よりよい社会作りをしていくためには、実際にともに行動する人がいないと具体的に物事を進めることができません。目指すべき方向へ進むための同志が必要でした。

そこで自分で直接、同志を育成していこうと考えたのです。そのためには、言葉だけで伝えることが難しい部分があるので、実際に百姓や森の仕事の体験を通じて伝えていくことが適していると考えました。

二見

今回、短時間でしたが、この「熊野飛鳥むすびの里」は、武道から農業・林業まで実体験を通じて学んでいける稀有な場所だと思いました。立派な図書室も完備されていますね。

荒谷

武道というものは、いくら本を読んだからといって強くなるものではありません。体験し、実際に稽古を積まないと上手くならないように、日本人として日々日本文化を実践するには、いくら本を読んで理解したとしても不十分です。自分で体験する必要があるのです。

今日も、「むすびの里」の畑にタマネギを植えに同志の仲間たちが来てくれています。彼らは都会では農業体験ができないので、「むすびの里」に来て、実際に自分で土に触れて苗を植えて、そこで新しい生命を育む経験をしています。「むすびの里」に来て実体験を通じて日本文化を体感し体得することがとても重要だと思います。

二見　稽古にはロシア人をはじめ海外の方も多く参加されていますね。本気でやろうという行動力がすごいと思いました。

荒谷　海外に行って武道を指導するようになり、はじめてわかったことがありました。海外では、日本の文化に対する敬意、あこがれが強く、それを実際にやろうというモチベーションが非常に高いことです。

先日「むすびの里」を訪れたロシアの学校の校長先生は、給料が邦貨で月20万円ほどで、日本に来て2週間滞在すると2か月分の給料に相当する費用がかかるということでした。しかも、ここで休暇をすべて費やしてしまうわけです。そこまでしても「むすびの里」に来て日本文化を学びたいという熱意があるのです。丸々2か月分の給料を投じて来日し、「むすびの里」で自分の正しいと思う道を学びに来るという行為はなかなか日本人にはできません。

二見　日本の文化を探求する意欲は、今の日本人よりもはるかに高いと感じました。

荒谷　外国人のほうがすごく情熱があるわけです。ですから、私は日本の文化をできるだけ多くの海外の人に体験して学んでもらいたいと考えています。

日本の文化は、どちらかというと理論で形成されてきたものではなく、経験知で積み上げてきた文化なので、体験してみないとなかなかわからないと思います。

しかも、下手な英語や外国語で日本人が説明すると、かえって誤解を生むケースが多くなります。それよりは、実際に体験してもらって、感覚や印象として得た成果を、その人が母国語でSNSなどを通じて発信してもらったほうが、より正しく、広く世界に伝わると思っています。

二見　情熱のある外国人に「むすびの里」に来てもらい、体験を通じて学んでもらう。それを彼ら彼女らに情報発信してもらう。かなりの効果が期待できると思います。

休耕田を青々とした稲田に蘇らせる

二見　ホームページを拝見すると「むすびの里」では、「仲間」と呼ばれる人たちがいます。「仲間」とは、どのような人たちで、どのように広げていこうと考えているのでしょうか？

荒谷　一般的にいえば会員登録のようなものになるのだろうと思いますが、「会員」という表現は「契約書を取り交わす」みたいでどうもしっくりきません。やはり広い意味で志を一緒にする人たちは友か、仲間と呼びたいと思っていました。そこで「仲間」募集としてホームページ上でもうたっています。

「仲間」はどういう人たちかというと、ここで家族と同じようにずっと一緒に生活する「家族型仲間」もいれば、時間の都合がつけば「むすびの里」に来て一緒に農林業や建屋や家具作りなどの活動をする「親族型仲間」、同じような志でそれぞれの地域で活動していく「同胞型仲間」たちで、すでに実際に各地で実践されている人たちもいます。

「むすびの里」の稲刈り。約一町歩の田んぼで自給自足の米を作る。

このような多くの「仲間」が大勢増えればいいと思っています。さすがに「むすびの里」で何十人も一緒に暮らすキャパシティはありませんから、自分たちの住む地域で文化を実践していこうという人が日本や世界中に広がるようにしていきたいと思っています。そして、そのような人たちと国内外にネットワークを作っていけたらいいなと考えています。

二見　「むすびの里」を開設されて一年経過した今、これからどのように進めていこうと考えているのでしょうか？

荒谷　私は自衛官時代、戦略部門の勤務歴が長く、内局の防衛政策戦略研究室をはじめ陸幕防衛部の研究班・防衛班、研究本部などの研究機関などで長期戦略と政策作成業務をあわせて十数年間関わってきました。同様に特戦群の創設でも、政治環境の変化対応、人心掌握、戦略環境の構築を専門分野としてきました。ですから、私の頭の中には千年構想のようなものがあります。

といっても、「むすびの里」を始めるときに、しっかり計画を作ったわけではありません。真心で行動すれば必ず思いは遂げられるとの信念で、まったく縁故のない熊野に来ました。

二見　おおよその構想や進め方はあったのでしょうか？

荒谷　もちろん壮大な構想を具体化するための短期構想や中期ビジョンはありますが、その第一歩は土地の人たちとともにきちんと一緒に生活できる共同体の基盤作りが必要だと考えました。まあ、それには2、3年はかかるだろうなと思っていました。

でも、来てみたら、ここに住む人たちに心から歓迎していただき、すぐに田んぼまで作らせてもらいました。さらに一緒に山に入って伐採したり、あらゆることで地域の人たちの協力を得て、あっという間に一年過ぎた感じです。

同様に「仲間」も一年で150人以上（2020年現在、250人）の方が参加していただき、いろいろな手伝いをしていただいております。さらに「むすびの里」で開催する武道教室や文化講習会などの参加者は、すでに千人を超え、週末はいつも大賑わいです。

そういう意味で、予定したよりも早く進展しており、最初の基盤作りさえできれば、世界中に「仲間」を増やしていく活動が予定よりも早く本格化できると考えています。

二見　来年は水田も倍以上になるという話を聞いて驚きました。また施設を見せていただいて感動したのは、敷地内に透明度が高くて水深のある清流が流れていることです。ここで作業や武道の稽古後に汗を流してスッキリできる。まさに夢のような場所ですね。

荒谷　「むすびの里」の横を流れる大又川の清流は本当にいいですね。毎日心が洗われます。

しかし、ここ飛鳥町も高齢化が進んでいて、休耕田が多いんです。田んぼの維持が難しくなって、休耕田が増えて草ぼうぼうの状態になっていました。まず、この地域の休耕田をすべて元通りの青々とした稲田に変えて、秋には黄金色に輝く里にしていくことが当面の具体的な目標の一つです。

初年度は一反分だけお借りして稲作を行ないました。そうしたら、村の人たちから「じゃあ、うちのもやってくれ」ということで、二年目は一気に七反分に増えました。来年は一町歩を超えます。たぶん、ここ数年で飛鳥の田んぼの大方の責任は、私が負うことになると思います。

可能ならば、日本中の休耕田を元通りのきれいな田んぼにしていくことが、日本の文化を復活させる具体的な活動になるのではないかと思っています。

二見　水もいいし、きっと美味しい米ができるでしょうね。楽しみです！

大調和の発想——神道と武道の本質

二見　剣の稽古の最後に合気道をされていました。最近、合気道が日本人に向いているというか、人間に合っているものだと感じています。

若い頃は「直接打撃をしたほうが早いのに」というように考えていましたが、50歳を過ぎても、合気道を続けている人は、体の使い方と力の使い方をよくわかっていて、体がさびないと感じたからです。

これからいろんなところで合気道を広げていくことも、日本の本当にいいものを伝えられるのではないかと思います。

荒谷
日本の文化は、最初の国号が大和(やまと)であるように、和するということが最大の目的であると思います。日本の神道でも、森羅万象は一体であり、一つのものであると捉えています。

そのため、神さまを含めて一つ一つ個々の存在が完全ではなくても、自然全体、さらには宇宙全体で一つの完成形を形成していると考えるのが日本の自然の理解だと思います。

そのような一体としての宇宙観・自然観を基にして、人間もまた、できるだけ周囲と調和していくという大調和の発想が、日本国の建国のときから根底にあったと思います。そういう意味で、武道においても、敵と対立関係にあるという発想ではなく、たまたま敵対しているが、どうやって相手を調和させるかということを具現化していくのが武道であり、まさに日本の武道の技だと思うのです。

つまり、日本の武道は相手と和して効果を生み出すという技だからです。それには体の工夫も、心の工夫も必要で、いい技が決まれば決まるほど、かけられた側が感動します。打撃系の格闘技だとバンと倒されて終わりですが、日本の武術は上手に技をかけられるとすっと知らない間にひっくり返っていたりして、いま何をやったんですか?みたいな感動が生まれます。それが日本の武道の魅力だと思いますね。

二見　袴をはくと、ヒザの使い方と足のさばきが見えづらくなって、技の核心がぼやけますね。

荒谷　そうです。やはり日本の武道は腰から下が「妙」で技術の核心となっているので、そこをちょっと隠しておくというか、どうやって腰下を使っているかというのをはかまでぼんやりとさせているのですね。

二見　袴という道着にも道を究めるための意味が込められているわけですね。すぐに答えを教えず、自分で気づかせるという……。

さきほど田んぼを七倍に増やすという話をされましたが、ほかにはどのような活動を進めていくのでしょうか?

荒谷

田んぼのほかにも、「むすびの里」の水は山水を沢から引いてきました。今後はさらに豊かな水力を利用して発電するなど、自立して生きる環境を作っていきます。

「むすびの里」の活動の大きな柱の一つは、日本文化を学ぶ「文化講習」と「文化体験」です。野良仕事や武道もそれに含まれます。このような日本文化の普及活動は「むすびの里」を中心に開催してきましたが、基盤が思ったよりも早くでき上がってきましたので、いろいろな団体の方が「むすびの里」で文化講習や文化体験を開催したり、国内外での要請にこたえてあちこちで講演や武道指導をする機会が増えてきました。これからは東京や大阪で定期的に「武道講習」や「文化講習」を開催できればと考えています。現在、仲間たちが、その準備として、活動の場や呼びかけを精力的に行なっている段階です。

二見

これからの活動がますます楽しみです。今日は長い時間、ありがとうございました。

荒谷

ありがとうございました。

「むすびの里」の脇を流れる大又川。愛犬「ひさ」とともに。

おわりに

（二見 龍）

荒谷卓氏との対談を終え、「熊野飛鳥むすびの里」を後にする時、ひさしぶりに爽快感を覚えました。

答えはすぐに思いあたりました。「むすびの里」で、魂を磨かれたからです。

かつては日本のどこでも見られた田園風景……。豊かな自然と清流に囲まれた「むすびの里」で、囲炉裏を囲みながら、地元で獲れたイノシシや鹿の肉、自ら収穫した米と野菜料理をみなで語りながら食べる。酒はもちろん日本酒。

荒谷さんが指導する武道の稽古は、強さを求めるだけでなく、日本古来の武道の本質を追求するものでした。

清く、凛とした雰囲気の「韴霊（ふつのみたま）道場」で、門人たちは剣の使い方、足の運び、間合いの取り

自衛官時代、互いに最強の部隊づくりを目指した。退官後、初の再会となった今回の対談を終えた荒谷氏（左）と二見氏。（熊野飛鳥むすびの里にて）

方の稽古に没頭していました。

稽古の結節ごとに、荒谷氏が武道の道について語り伝えていきます。

短い滞在ではありましたが、「むすびの里」には、日本の文化そのものがあり、古き良き時代が再来したような不思議な感覚と懐かしさを覚えました。

荒谷氏は「むすびの里」での活動を日本、そして世界に広げようとしています。素晴らしいことです。このような大義に全力を尽くす荒谷氏の人生は、やりがいもあり、充実したものだと思います。

対談の中で、特殊部隊で最も難しいと

思われる「部隊の練度評価」を質問したときの荒谷氏の答えは本質を衝いたものでした。「対抗戦を行ない、その結果で評価します。演習（訓練）はすべて対抗戦方式で実施しました。しかも、相互に自由意志で戦わせました。（中略）対抗戦ですから、当然、相手が強ければ、それ以上に自分たちのレベルを上げなければ勝てません。やられたら、相手よりも訓練練度が不十分であるということになります」

そして、対談の中でいちばん印象に残ったのは、「強くなるには対抗戦でしょう」と言い切ったときの荒谷さんの表情です。一瞬、特戦群時代の荒谷群長の姿と重なって見えました。私も同じ思いで「対抗戦方式」で連隊を精強化し、あと一歩のところまでＦＴＣの評価支援隊を追いつめた自負があるからです。

自衛隊で同じ時代を生きた私たちだけに共通する話題も多く、その対談の内容は多岐にわたりました。読者の皆さま、とくに現役自衛官にとって何かしらの示唆を提供できればこれにまさる喜びはありません。最後まで読んでいただき、ありがとうございました。

最後になりましたが、荒谷氏のますますのご活躍と「熊野飛鳥むすびの里」のさらなる発展を祈念いたします。

荒谷 卓（あらや・たかし）
昭和34年秋田県生まれ。大館鳳鳴高校、東京理科大学を卒業後、昭和57年陸上自衛隊に入隊。第19普通科連隊、調査学校、第1空挺団、弘前第39普通科連隊勤務後、ドイツ連邦軍指揮大学留学（平成7～9年）。陸幕防衛部、防衛局防衛政策課戦略研究室勤務を経て、米国特殊作戦学校留学（平成14～15年）。帰国後、特殊作戦群編成準備隊長を経て特殊作戦群初代群長となる。平成20年退官（1等陸佐）。平成21年明治神宮武道場「至誠館」館長。平成30年国際共生創成協会「熊野飛鳥むすびの里」を開設。著書に『戦う者たちへ』『サムライ精神を復活せよ！』（並木書房）、『自分を強くする動じない力』（三笠書房）。鹿島の太刀、合気道六段。
HP：http://musubinosato.jp

二見 龍（ふたみ・りゅう）
昭和32年東京都生まれ。防衛大学校卒業（25期）。第8師団司令部3部長、第40普通科連隊長、中央即応集団司令部幕僚長、東部方面混成団長などを歴任し平成25年退官（陸将補）。現在、株式会社カナデンに勤務。著書に『自衛隊最強の部隊へ』シリーズ（誠文堂新光社）、『自衛隊は市街戦を戦えるか』（新潮新書）、『弾丸が変える現代の戦い方』（誠文堂新光社）、『警察・レスキュー・自衛隊の一番役に立つ防災マニュアル』（DIA Collection）など。現在、毎月Kindle版（電子書籍）を発刊。戦闘における強さの追求、生き残り、任務達成の方法などをライフワークとして執筆中。
Blog：http://futamiryu.com/
Twitter：@futamihiro

特殊部隊vs.精鋭部隊
—最強を目指せ—

2021年1月20日　印刷
2021年1月30日　発行

著　者　荒谷卓・二見龍
発行者　奈須田若仁
発行所　並木書房
〒170-0002 東京都豊島区巣鴨2-4-2-501
電話(03)6903-4366　fax(03)6903-4368
www.namiki-shobo.co.jp
印刷製本　モリモト印刷

ISBN978-4-89063-405-7